少年探索发现系列

探索奥秘世界　发现未解之谜

INCREDIBLE UNSOLVED MYSTERIES

最不可思议的动物未解之谜

总策划／邢涛　主编／龚勋

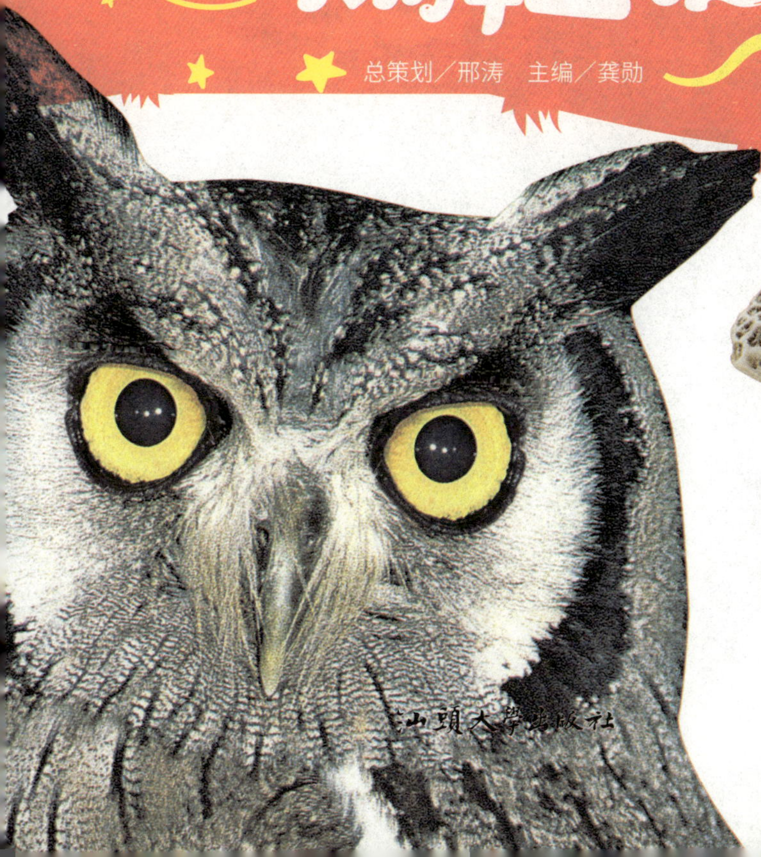

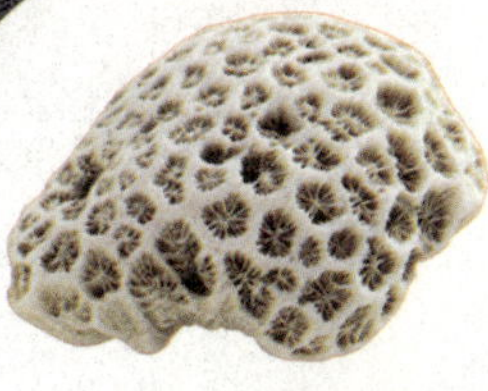

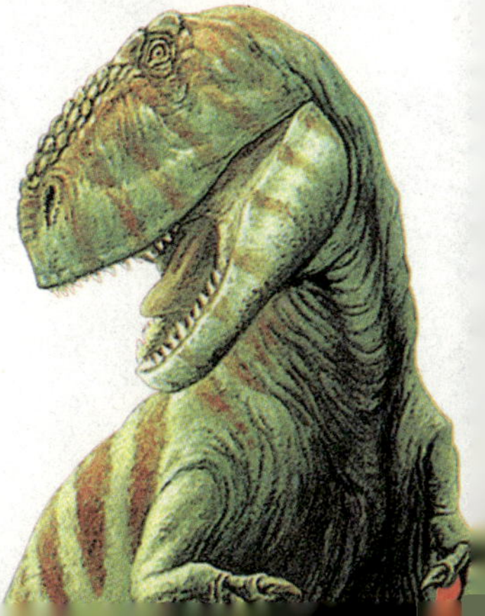

汕頭大學出版社

前言 Foreword

　　动物是人类亲密的伙伴，是自然界的主角。迄今为止，人们已发现了200多万种动物。从海洋到天空，从平原到沙漠……到处都有动物的踪迹。各种各样的动物给我们生存的世界带来了盎然生机，却也留下了许许多多百思不得其解的谜团。鲨鱼为什么不得癌症？蝗虫为什么要集体迁徙？为什么龟很长寿？为什么大象死不见尸？……

　　为了帮助广大少年儿童更好地探索动物世界的种种谜团，我们精心编撰了本书。本书分为水族动物迷宫，昆虫世界奇事，两栖、爬行之谜，鸟类王国秘闻，哺乳动物疑团，史前动物寻踪等六部分，以探索的目光和全新的视角，运用准确、生动的文字，配以精美、珍贵的图片，带领少年儿童了解动物们匪夷所思的生活习性以及鲜为人知的惊人内幕，使少年儿童能在轻松愉快的阅读之余，增长见识。另外，在每一个"谜"中，我们还设置了两个重要问题，作为阅读提示。小资料的点缀，更为本书增添了趣味性和可读性。

　　我们希望本书能使广大少年儿童对纷繁复杂的动物世界有更深的认识，让这些未解之谜帮助大家拓展视野，开启心智，在思考和探索中茁壮成长。

讲述扑朔迷离的动物故事！！

目录
CONTENTS

第一章 1~28
水族动物迷宫

- 2 探索深海动物的起源
- 3 长生不老的大胡子蠕虫
- 4 不长触手却长鳞的乌贼
- 5 大王乌贼为何逞勇斗狠
- 6 探解棘皮动物的发光现象
- 8 能预知天气的螃蟹
- 9 追踪北极巨蟹南迁的脚步
- 10 难解陆蟹弃水投陆之举
- 11 寄居蟹与沙蚕共生之谜
- 12 鱼类趋光现象探秘
- 14 神奇的鱼类变性现象
- 16 大白鲨为何要伤人
- 17 噬人鲨为何不吃小鱼
- 18 鲨鱼抗癌的"秘密武器"
- 20 会爆炸的"魔鬼鲨"

- 21 剑鱼袭击船舰的真相
- 22 怪异的鲑鱼返乡之举
- 24 匪夷所思的尼斯湖怪
- 26 长白山天池怪兽的真面目
- 28 喀纳斯湖中的湖怪

第二章 29~48
昆虫世界奇事

- 30 怪异的昆虫食性
- 32 蚂蚁的高超定向能力
- 34 蜘蛛求偶过程中的奥秘
- 36 可怕的嗜血蜘蛛
- 38 神奇的蜘蛛丝
- 40 蟋蟀叫声中的秘密
- 41 埋葬虫葬尸之谜
- 42 蝗虫军团迁徙探秘
- 44 会吃人的野蜂
- 46 蝴蝶与蚂蚁为何互食
- 48 翅膀上写着字的蝴蝶

第三章 49~62
两栖、爬行之谜

- 50 令人疑惑的蛙会奇观
- 51 青蛙为何自相残杀
- 52 长久不死的青蛙和蟾蜍
- 54 为什么龟的寿命很长
- 56 怕水的四爪陆龟
- 58 直击海龟的"自埋"
- 60 毒蛇"朝圣"之谜
- 61 奇异的双头蛇
- 62 射阳海滨巨蛇之谜

第四章 63~86
鸟类王国秘闻

- 64 鸟类会飞的秘密
- 66 破解鸟类的认亲"密码"
- 68 奇妙的鸟类晨曲现象
- 69 候鸟迁徙探奇
- 70 为何企鹅从不迷路
- 72 信天翁拼死护家的奥秘
- 74 鸟儿为何青睐西沙东岛
- 76 大雁难越落雁山的奥秘
- 77 会暂时耳聋的松鸡
- 78 鹦鹉"学舌"的秘密
- 80 沼泽山雀惊人的记忆力
- 82 探索秃鹫的奥秘
- 84 离奇的巨型怪鸟杀人事件
- 86 搜捕"纵火犯"——火鸟

第五章 87~138
哺乳动物疑团

- 88 哺乳动物自我疗伤的本领
- 90 探索哺乳动物的复仇心理
- 92 奇怪的刺猬"自涂"行为
- 94 走近嗜血成性的蝙蝠
- 96 老鼠为何要"杀子"
- 97 负鼠装死的奥秘

98 旅鼠因何集体投海自杀	130 令人惊讶的海豚高智商
100 兔子王国的"计划生育"	132 潜水高手威德尔海豹
102 狗的"第六感"	133 探秘深谷里的海豹木乃伊
104 赤狐"杀过行为"探秘	134 为何大象死不见尸
106 难辨性别的鬣狗	136 长颈鹿血压之谜
107 神农架白熊之谜	137 寻找绝迹的野马
108 灰熊的"生物钟"	138 山都狒狒寻找水源的高招
110 走近谜团重重的大熊猫	
112 大熊猫食肉之谜	
113 浣熊很爱干净吗	
114 猫千里寻主的神奇本领	
116 袋狼真的灭绝了吗	
117 探寻新疆虎的踪迹	
118 貂熊"画地为牢"的秘密	
120 鲸弃陆奔海之谜	
121 鲸"跳龙门"的奥秘	
122 座头鲸的"海妖之歌"	
123 长着怪异独角的独角鲸	

第六章 139~153
史前动物寻踪

124 额部装满油脂的抹香鲸	140 寻访恐龙的祖先
126 鲸类集体搁浅的真相	142 恐龙是变温动物吗
128 助人为乐的逆戟鲸	144 恐龙智力的秘密
	146 众说纷纭的恐龙体色
	148 寻访鸟类的祖先
	150 翼龙是鸟还是恐龙
	151 是否存在过哺乳鸟
	152 存在过海猿吗

[第一章]

水族动物迷宫

不长触手却长鳞的乌贼、能预知天气的螃蟹、"落叶归根"的鲑鱼、令人望而生畏的大鲨鱼……它们都是水族动物迷宫的成员。这个多彩的水族世界带给了人们太多的疑问。大王乌贼为什么喜欢逞勇斗狠？鱼类为什么会趋光？鲨鱼为什么不得癌症？……想了解更多奇事吗？现在就让我们一起走进神奇的水族动物迷宫去探奇吧！

少年探索·发现系列

探索深海动物的起源

深海动物是如何起源的？
深海动物来自极地海域吗？

海洋表面以下200米的水域就属于深海了。那里的海水不大流动，氧气很少。另外，由于没有阳光的照射，深海水域里很少有植物生长。但是，许多动物，如海星、海参、海胆、红螺、蚌、虾、蟹等，却是这里的"常住居民"。它们为什么会生活在深海中呢？这些动物是如何起源的呢？

△ 海星是一种深海动物。

有学者认为，现在深海中的铠甲虾和新帽贝与3.5亿年前就已灭绝的古蜗牛和古帽贝是一家。他们认为，深海动物起源于几亿年前就已生活在水深超过千米的深海中的古蜗牛、古帽贝等动物，后来其生活区域才慢慢上升到现在的位置。

也有学者认为，深海动物起源于海水的表层动物或海滨动物，后来可能由于环境的变化而下潜，逐渐适应了深海的生活并且定居下来。

还有学者从深海动物适应低温的生活特征入手进行分析，认为大多数深海动物可能来自极地海域。

事实究竟是怎样的呢？我们期待专家们早日作出合理的解释。

◁ 深海动物——红海鞘

长生不老的大胡子蠕虫

大胡子蠕虫的生长速度为什么那么慢？
大胡子蠕虫为什么能存活几十万年？

大胡子蠕虫的身长可达2米，全身呈粉红色，没有嘴、眼和消化器官，只有神经系统。它们生活在水深达2500米以下的深层海底，不能获得由光合作用产生的碳水化合物。但是，它们体内有一种细菌，可以利用溶解在海水中的二氧化碳和海底温泉里含有的硫化物进行化学合成，从而形成碳水化合物，供其吸收。

大胡子蠕虫的生长速度非常缓慢，历经250年才生长1毫米。这样算来，如果一条大胡子蠕虫的身体长到75厘米，那至少需要18万年的时间，而要长到2米多长，岂不需要几十万年？但是，一般说来动物个体是很少能够存活这么长时间的，大胡子蠕虫为什么能长生不老呢？科学家们至今还没有解开这个谜。

◁ 大胡子蠕虫的躯体很长。

▷ 深层海底

少年探索·发现系列

不长触手却长鳞的乌贼

带鳞乌贼为什么没有触手？
带鳞乌贼为什么会向前游动？

◯ 枪乌贼体表没有鳞片。

俄罗斯一位科学家在一头抹香鲸的胃里曾经发现一只奇特的乌贼。它身长比一般乌贼稍长，身体表面披有鳞片，而一般的乌贼体表都是没有鳞片的。另外，这只乌贼没有触手，而一般乌贼都有多只触手。这只乌贼的鳞片通过肌肉组织延伸，紧紧地排列在一起。每一鳞片内部都有微小的薄层，充满着空气和油，可使乌贼漂浮和行动得更加自如。

触手是乌贼猎取食物和防御敌害的工具，也是乌贼游动时的"桨"和"舵"。带鳞乌贼没有触手，那它是如何生存的呢？

◯ 通常，乌贼都是向后游动。

通常，乌贼靠肌肉收缩，将外套腔里的水喷出，在水流的反作用下，乌贼便能飞快地向后游动。可是，科学家们观察后发现，带鳞乌贼不像普通乌贼那样向后游动，而是像其他的海洋动物那样向前游动。这种现象又该如何解释呢？这目前还是一个难解的谜。

最不可思议的**动物**未解之谜

大王乌贼为何逞勇斗狠

> 大王乌贼为什么喜欢逞勇斗狠？
> 大王乌贼究竟有多大？

19世纪60年代，一艘法国军舰遭遇了一只长约6米的大王乌贼。它不时地露出大铁钳似的角质喙向舰艇示威，最终被一发炮弹击中。

1946年12月，一艘万吨油轮遇到一条长约20米的大王乌贼。它径直向巨轮冲来，还用腕猛击船舱。最终，乌贼的腕被船尾的螺旋桨割断。

▲ 大王乌贼常常和抹香鲸发生冲突，最终被抹香鲸吃掉。

大王乌贼为什么喜欢在人类面前逞勇斗狠？目前还没有权威的解释。而关于成年大王乌贼的大小，科学界也是众说纷纭。有人根据抹香鲸身上被大王乌贼的吸盘吸出的痕迹判断，其体长为10～15米；也有人根据其又粗又大的腕判断，认为其体长有20米；还有人认为其体长可达45米。由于大王乌贼一般生活在深海中，而且数量不多，因此，要揭开这些谜团，还需要人们继续努力。

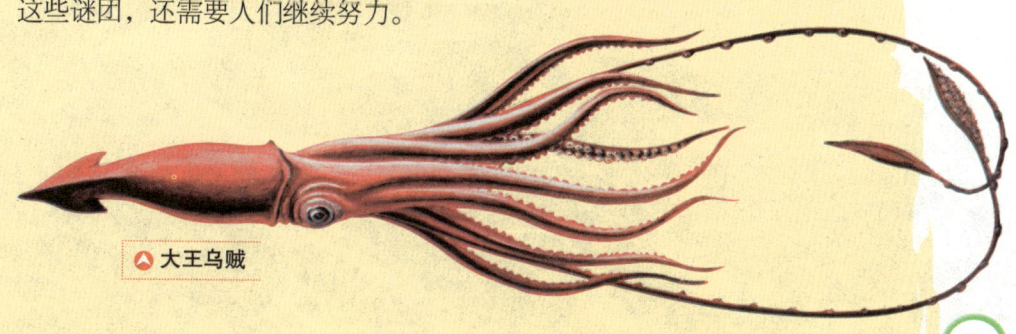

▲ 大王乌贼

少年探索·发现系列

探解棘皮动物的发光现象

棘皮动物靠什么发光？
棘皮动物发光的生物学意义如何解释？

生物界中普遍存在着神奇的发光现象。海洋中会发光的动物就有很多，如乌贼、章鱼等。当它们密集地出现在水面上时，远远望去，犹如群星点点，蔚为壮观。另外，海洋中的棘皮动物，如海星、海蛇尾、海胆、海参、海百合等，它们一般不会发光，但是如果摩擦它们的突起，并把它们浸在滴入福尔马林或双氧水溶液的淡水里时，它们就会发出各种颜色的光。

⬤ 海参一般不会发光。

科学家们在对海洋动物的发光现象进行研究之后发现，乌贼、章鱼等海洋动物之所以会发光，是因为它们身上都覆盖着大量的发光细菌。

动物大揭秘 Animal

海蛇尾

海蛇尾是海星的近亲，因运动起来似蛇蜿蜒前行而得名。由于它们的触手碰一下就会折断，因此又被称为"易碎的海星"。

⬇ 生活在海底的发光动物

◀ 海胆

但是，海星、海蛇尾等棘皮动物既没有固定的发光器官，也没有特殊的发光细菌，那么，它们发光的生化机制究竟是什么呢？科学家们推测是它们表面的黏粒上皮细胞或一种像变形虫一样的细胞在发光。

另外，对于棘皮动物发光的生物学意义，目前科学家们的看法也不统一。有人认为，棘皮动物发光是一种"警告色彩"，对前来攻击的动物进行警告。可是，有些鱼类却偏偏喜欢捕食发光的海蛇尾，"警告色彩"对这些鱼类来说并不起作用啊！

也有人认为，棘皮动物发光是为了"迷惑敌害"。可是，棘皮动物发出的微弱光线，未必能使凶猛的动物眼花缭乱或迷失方向。而且，有的捕食者是依靠嗅觉或触觉捕食的，并非利用视觉。

还有人认为这是棘皮动物的一种"痛苦的呼喊"，是向同伴发出的报警信号。

棘皮动物发光的生物学意义究竟何在，仍然是一个未解之谜。

▶ 会发光的乌贼

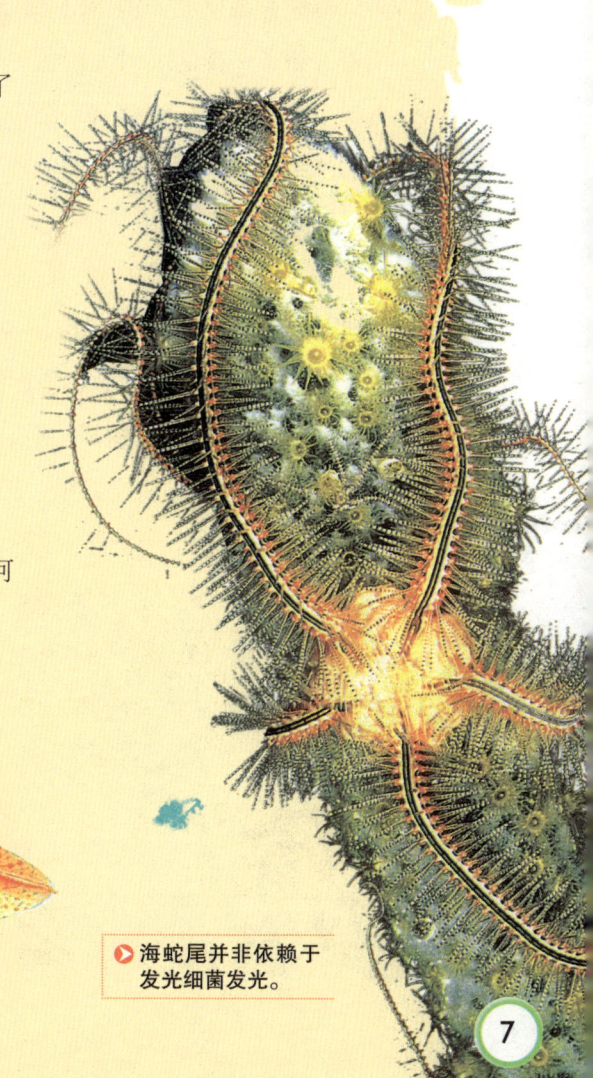

▷ 海蛇尾并非依赖于发光细菌发光。

能预知天气的螃蟹

> 螃蟹是如何预知天气变化的？
> 螃蟹预知天气变化的生理机制是什么？

螃蟹披着坚硬的铠甲，举着像钳子一样的一对大螯，看起来非常威武。螃蟹有一个小小的"绝活"，那就是它们能预知天气的变化。

▲ 螃蟹有预知天气的本领。

1982年6月11日中午，我国几个气象科学工作者正在山东荣成桑沟湾进行考察研究。当时，他们发现在桑沟湾北岸的水面上漂着几只螃蟹，一位经验丰富的老渔民告诉他们，螃蟹通常都是隐居的，很少游出水面，现在有螃蟹出游，说明要变天了。众人都不相信，因为当时晴空万里、风平浪静，天气很好。没想到，下午3点多钟，海面上果然刮起了4级南风。6月12日，天空乌云密布，下午4点多钟就下起了中雨，还刮起了8级大风。

可是令这些气象工作者感到奇怪的是，螃蟹身上有什么"秘密武器"使它们能预知天气的变化呢？目前，这还是科学界的一个未解之谜。

◀ 螃蟹出游，预示着海面上将起大风浪。

追踪北极巨蟹南迁的脚步

北极圈内的巨蟹为什么要南迁？
巨蟹的生活习性是怎样的？

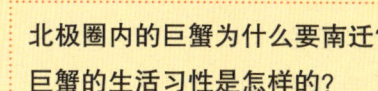
巨蟹重达15千克。

多年前，三个渔民在靠近北极圈的挪威北部海岸捕鱼的时候，发生了一件怪事。

当时，他们从海中往船上拉网，但拉得非常吃力，因此，三人都以为网中一定有很多鱼。然而，当网被拉出水面的时候，眼前的情景使三人大吃一惊。他们看到网里有一群正在张牙舞爪的巨蟹。这些巨蟹被倒在甲板上后，旁若无人地到处乱爬。一受到惊吓，它们就举起巨大的螯向人们示威。

人们经过小心测量，发现这些巨蟹体长近1米，体重达15千克，其体形庞大程度实属罕见。

得知这一怪事后，生物学家们纷纷赶来进行考察。他们认为，这些巨蟹其实来自俄罗斯的北极圈地区，现在正在集体向南迁徙。它们为什么要南迁呢？是原来的生活环境发生了变化，还是它们本来就有这样的习性？这些还不得而知。

巨蟹长有巨大的螯。

另外，对于这种巨蟹的其他生活习性等问题，生物学家们也一无所知，还需要进一步研究。

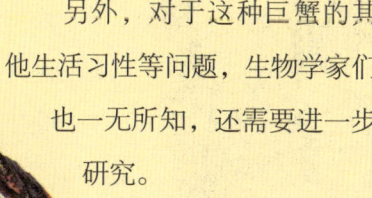

少年探索·发现系列

难解**陆蟹**弃水投陆之举

为什么陆蟹要从海中转移到陆地上生活呢？
陆蟹是如何精确地掌握交配、产卵的日期的？

陆蟹体形较小，生活在密克罗尼西亚群岛上的树林和岩隙之中，以岛上的植物为食。

不过，这些陆蟹并不是一出生就生活在陆地上的。每年三四月之交的月圆之夜，雄陆蟹和雌陆蟹会一对接一对地排长队爬向海边，聚集在海滨的礁石上，然后成双成对地进行交配。一个月后，那些受孕的雌蟹便拖着突起的腹部，成群结队地再次爬向海滨，到浅水中去产卵。大量蟹卵在海水中扩散，慢慢地，这些蟹卵便在海水中孵化成幼蟹了。幼蟹以海洋中的浮游生物为食，在海中长到一定程度，便离开海水，来到陆地上，开始其陆地生活。

为什么这种螃蟹不在海水中生活，而要转移到陆地上呢？它们是如何精确地掌握交配、产卵的日期的呢？有关陆蟹的这些疑问，还没有人能给予解答。

◀ 陆蟹以陆地上的植物为食。

◀ 陆蟹生活在密克罗尼西亚群岛上的树林和岩隙之中。

最不可思议的动物未解之谜

寄居蟹与沙蚕共生之谜

> 为什么寄居蟹与沙蚕能同居共食？
> 寄居蟹和沙蚕互相能给予对方什么好处？

寄居蟹身体细长，腹部长而软，只有身体前端才有一层坚硬的外骨骼。为保护自己不受敌人攻击，它们总是寻找一个坚硬的海螺壳作为房子住在里面。通常，海螺壳的"主人"是油螺。寄居蟹会向油螺进攻，把它赶走，然后自己钻进壳内。它们的腿与螯肢的开合也有助于它们在其他动物企图进入螺壳时将入口封住。

在寄居蟹的"住房"内，人们经常会发现还有另外一位"房客"：沙蚕。一般说来，在寄居蟹正式"入住"海螺壳之前，沙蚕就已经在此"居住"了。可是，对于沙蚕这位"邻居"，寄居蟹不仅不会将其赶走，反而对其非常友好。这是为什么呢？有人认为沙蚕对寄居蟹有保护作用，也有人认为沙蚕可以给寄居蟹提供丰富的食物。事实究竟是怎样的，科学家们至今仍没有弄明白。

◎ 沙蚕

◎ 寄居蟹通常居住在坚硬的海螺壳内。

少年探索·发现系列

鱼类趋光现象探秘

> 鱼类为什么会趋光?
> 为什么不同的鱼对灯光的反应程度不同?

鱼类是最古老的脊椎动物,大约出现于5亿年前。鱼类的视觉与陆生脊椎动物不同,它们不用改变晶状体的形状,而是通过改变晶状体的前后位置,便能形成视觉。

人类很早便开始捕食鱼类。渔民们在长期的捕鱼活动中发现了鱼类的一种奇特习性——趋光。夜间,每当他们在船上点灯或是烧火时,鱼儿就会成群结队地向光亮处游来,有些鱼类甚至会跃出水面,跳上甲板。

▲ 鱼群向灯光处游去。

后来,人们便在海水表层拉上电灯,进一步进行观察,希望能更好地研究鱼类趋光的这一习性。通过观察人们发现,不同的鱼对灯光的反应程度其实是不同的。比如,当灯光亮起时,小鲱鱼纷纷从远处游来,汇集于灯光处,一条接一条,一层连一层,围绕着灯光按顺时针方向游动。这时,从船上看水中,你会发现,鲱鱼群组成的形状就像一个巨大的漩涡。如果灯光突然熄灭了,小鲱鱼们就会顿时乱作一团,到处乱窜;灯光重新亮起时,它们又会重新聚拢过来,鱼群立刻秩序井然,恢复原

最不可思议的**动物未解之谜**

来的顺时针游动。但有些鱼的趋光行为却没有一定的规则，它们要么在灯光下静静地游动，要么成群结队地从海洋深处浮上来，升到水面上然后又突然散开，要么就在光照区汇集成一条宽带，按照逆时针的方向游动。鱼类趋光的习性也被一些凶猛的肉食性鱼类所利用。比如，带鱼经常静静地待在光照区的边界上，一旦发现前方光亮处有鱼群聚集过来，它们就会立刻在光照区里横冲直撞，吞食小鱼。

鱼类为什么会趋光？对于这个问题，目前人们只知道鱼类趋光主要受到这样一些因素的影响：首先是光本身亮度的变化，其次是光的颜色的变化，再次则取决于鱼儿自身的发育程度及生理状态。至于其中更深层次的原因，目前人们的说法不尽相同，其中很多都是假设，因此还需要进行深入细致的探讨。

◇ 鱼类有趋光的习性。

◇ 带鱼看上去就像一条长长的缎带。

爱集群的鲱鱼

鲱鱼喜欢集群游动，因为集群十分利于它们繁衍后代和有效地保护好仔鱼，同时，还可以方便觅食和防御敌害。

神奇的鱼类变性现象

鱼类为什么会出现变性现象？
鱼类变性是为了最大限度地繁殖后代吗？

在海洋里，鱼类神奇的自然变性现象经常发生，科学上将之称为"性逆转"。

有一种红鲷鱼，总是一条雄鱼带着一群雌鱼游动，这条雄鱼自然是这个群体中的首领。如果这条雄鱼不在了，在剩下的雌鱼中，身体最强壮的那条很快就会变成一条雄鱼，充当鱼群的新任首领。如果这条变了性的红鲷鱼又不在了，以上规则便再次重复。有人特意做了这样一个试验：把一群雄红鲷鱼与一群雌红鲷鱼分别置于两个玻璃缸中，使它们能互相看到，那么，雌鱼群便不会发生变性现象；若将两个玻璃缸用木

▲ 与海葵共生的海葵鱼

▽ 海中的鱼类经常发生变性现象。

最不可思议的动物未解之谜

板隔开，使它们互相看不到对方，则雌鱼群中很快就会有一条雌鱼变为雄鱼。

印度洋和太平洋海域生活着一种海葵鱼，它们与海葵共生。每只海葵只与两条成年雌海葵鱼生活在一起，其余的都是雄性幼海葵鱼。但是，只要有一条成年雌海葵鱼死亡或离开，幼海葵鱼中最大的那条雄性个体就会变成雌性，以取代原来那条雌鱼的地位。

鳝鱼从受精卵孵化成幼鳝，一直到长成成年鳝鱼，一般都是雌性。但当它们产卵之后，就会由雌性变为雄性。

动物大揭秘 Animal

鲈鱼及其亲缘动物

鲈鱼为近岸浅海中下层鱼类，大概有9500个属种，广泛分布在太平洋西岸。鲈鱼的亲缘动物有很多种，如攀鲈、石斑鱼、斗鱼、射水鱼、弹涂鱼等。

更为奇特的是，生活在美国佛罗里达州和巴西沿海海域的蓝条石斑鱼，一天中可以多次变性。有一种金鳍锯鳃石鲈鱼，刚从卵中孵化出来时，全都是雌鱼，可在以后的生长过程中，一部分雌鱼却会发生变性，成为拥有各种颜色的雄鱼。

鱼类为什么会出现这种有趣的变性现象呢？有的学者认为这是鱼类为了最大限度地繁殖后代，以及使个体获得异性刺激。但这种说法并没有得到广泛的认同。究竟是为什么，还有待于今后进一步的研究和探讨。

🔺 鲈鱼广泛分布于太平洋西部海域。

少年探索·发现系列

大白鲨为何要伤人

大白鲨真的是见人就吃吗?
大白鲨袭击人类的原因是什么?

大白鲨是海洋中最危险的动物。它们性情凶猛,肌肉发达,力量强大。一般成年大白鲨的体长有7~8米,有的可达12米,重达1800千克。大白鲨的嘴巴很大,锋利的牙齿向内侧生长,边缘还长有小锯齿。它们可以轻易地将猎物咬成两半。

在人们的印象中,大白鲨似乎是见到人就吃。事实上,大白鲨虽然性情凶残,而且的确有过吃人的现象,但它很少主动袭击人类。在大白鲨袭击人类的极少数案例中,有80%的人都只是受伤而已。那么,大白鲨为什么要伤人呢?有人认为,大白鲨伤人是因为它们把人误认为海狮或海豹了,纯属误伤;也有人认为,大白鲨伤人可能是因为此人不慎侵入了其领地,从而激起了大白鲨的愤怒;还有人认为,大白鲨伤人是因其体内的某种平衡机制被打乱而做出的反常行为。

有关大白鲨为何要伤人,以及它的生殖过程、种群数量等一些基本情况,人们至今都没有彻底搞清楚。

▲ 据观察,大白鲨很少主动袭击人类。

▲ 大白鲨长有几排尖利的牙齿。

噬人鲨为何不吃小鱼

小鱼为什么敢紧跟在噬人鲨身边？
噬人鲨为什么不吞食身边的小鱼？

噬人鲨性情凶猛，是海洋中的"暴君"。它们长着十分锋利的牙齿，而且其再生能力非常强，一旦牙齿折断，也能在短时间内长出新的牙齿。一般的鱼类见到它，都会退避三舍，不敢靠前。但令人不解的是，总有许多小鱼像侍从一样跟随在它的身边。难道这些小鱼就不怕被噬人鲨吞掉吗？

有些科学家认为，这些小鱼跟在噬人鲨身边，可能是为了吃其吃剩的残渣。但是后来的研究发现，这些小鱼其实都是自己去寻找食物的。还有人猜测，这些小鱼可能是"狐假虎威"，倚仗噬人鲨的威猛，来躲避其他敌害的袭击。

最令人感到奇怪的是，噬人鲨总是贪婪地吞食其他鱼类，却从来不会去吞食这些小鱼。这究竟是为什么呢？目前还没有一个合理的解释。

▲ 噬人鲨与大白鲨的生活方式相似。

少年探索·发现系列

鲨鱼抗癌的"秘密武器"

鲨鱼患癌症的概率有多大？
鲨鱼抗癌是靠肌肉中产生的化学物质吗？

癌症一直是威胁人类生命的主要疾病之一，在攻克这座堡垒的过程中，生物学家惊喜地发现，鲨鱼几乎不会患上癌症。

美国著名的生物化学博士鲁尔在25年中先后对5000条鲨鱼进行了研究，结果发现，只有一条鲨鱼长有肿瘤，而且还是良性肿瘤。

美国佛罗里达州有一位科学家使用一种极猛烈的致癌剂喂养鲨鱼，喂养了8年，他却没有发现任何一条鲨鱼长有肿瘤。

鲨鱼究竟有什么抗癌绝招呢？目前，科学家们的意见尚不统一。

鲁尔博士认为，鲨鱼不患癌症的"秘密武器"是维生素A。他在研究中发现，鲨鱼的肝脏能产生大量的维生素A，能够使刚开始癌变的上皮细胞发生分化，从而使这些上皮细胞恢复正常。

而有的科学家则认为，鲨鱼的肌肉里能产生一种独特的化学物质，它可以有效抑制癌细胞的生长扩散，因此，鲨鱼才不容易患癌症。

也有一些科学家则认为，鲨鱼能抗癌是由于它的血液中能产生一种具有抗癌作用的特殊物质。他们曾做过这样的试验：从鲨鱼的心脏中抽取血

▼ 生活在海中的鲨鱼能抗癌。

最不可思议的**动物**未解之谜

> 有人认为，鲨鱼的肌肉能产生有抗癌作用的化学物质。

样，并从中提取一定浓度的血清，将这些血清注入患有血癌的人体血液中。过了一段时间，他们发现人体血液中的一些癌细胞的正常代谢作用被破坏了，大部分癌细胞已经死亡。可见，鲨鱼血液中的血清具有杀死癌细胞的作用。

还有科学家认为，鲨鱼抗癌的"秘密武器"存在于其软骨组织中。鲨鱼的软骨组织中有一种能阻断癌肿周围血管网络的化合物，能断绝癌细胞的供养面而使癌肿萎缩，同时杀死癌细胞。

分子生物学家扎斯洛夫则认为，鲨鱼抗癌的"秘密武器"在其胃部。鲨鱼的胃部能分泌一种叫作"角鲨素"的抗菌素，其杀菌效力极强，并且能抗艾滋病和癌症。

鲨鱼抗癌的"秘密武器"到底是什么，这还有待于科学家们的进一步研究。

动物揭秘 Animal

不会掉光的牙齿

虽然鲨鱼的牙齿一点也不牢固，但它们有好几排牙齿，前排的掉了，后排的还可以用，而前排的又会定期长出来，有的鲨鱼每年能长几千颗牙齿呢。

会爆炸的"魔鬼鲨"

"魔鬼鲨"为什么要引爆自己呢？
"魔鬼鲨"是用什么方式爆炸的？

▲ 正在海中游动的鲨鱼

加布林鲨鱼的长相非常吓人，性情也是格外凶猛，因此它被人们叫作"魔鬼鲨"。"魔鬼鲨"一旦被渔网网住不能逃脱，就会自行爆炸成大大小小的碎块。正因如此，人们至今还没能捕捉到一条完整的"魔鬼鲨"。

2004年4月的一天，几位科学家在进行一次海洋考察时，意外地遭遇了一大一小两条"魔鬼鲨"。当时，他们乘坐一艘潜水艇潜入水中，慢慢接近那条小"魔鬼鲨"，并准确地用一张大网捉住了它。小"魔鬼鲨"在网中拼命地挣扎，大"魔鬼鲨"则在网外奋力营救。

最后，大"魔鬼鲨"在营救无望的情况下，忽然张开血盆大口，恶狠狠地咬向了小"魔鬼鲨"。在确定已经将小"魔鬼鲨"咬死后，大"魔鬼鲨"的身体开始膨胀，变得很肥大，那双凶狠的小眼睛也有些向外突起，样子非常恐怖。紧接着，只听"轰"的一声，大"魔鬼鲨"将自己炸成了无数碎片……

在遇到危险的情况下，"魔鬼鲨"为什么要引爆自己呢？它又是用什么方式"自爆"的呢？人们至今都没弄清楚这个问题。

◀ "魔鬼鲨"的牙齿闪着寒光。

最不可思议的**动物**未解之谜

剑鱼袭击船舰的真相

剑鱼为什么要袭击船舰呢？
剑鱼为什么会具有巨大的冲刺力？

◆ 剑鱼和旗鱼一样，都长有一个像剑一样突出的上颌。

剑鱼有一个像剑一样突出的上颌，它们经常对船舰发起攻击。攻击时产生的冲击力，相当于最重磅的铁锤敲击物体时所产生的打击力的15倍。

1886年11月，一条剑鱼猛烈地冲撞一艘美国快速帆船，居然把用铜板包着的船壳撞破了。诸如此类的事例屡见不鲜。

剑鱼为什么要袭击船舰呢？有人认为是那些落过网的剑鱼在侥幸逃脱后，故意对船舰进行报复。但是，曾经有潜水艇也遭到过剑鱼的袭击，这又该如何解释？

也有人认为，剑鱼可能是由于迷失方向或动作失调，所以才会撞船。但事实是，剑鱼的三维空间辨向能力以及动作协调能力都是很强的。

还有人认为，剑鱼可能是由于汞中毒而发狂，所以才会撞船。这种说法同样缺乏说服力。

剑鱼袭击船舰的真正原因何在？相信终有一天会真相大白的。

◆ 这片海中或许有剑鱼生存。

怪异的鲑鱼返乡之举

鲑鱼为何能找到自己故乡的河流？
鲑鱼怎样从遥远的海域朝产卵地前进？

鲑鱼是河流中体形最大的鱼类之一。日本北海道、俄罗斯萨哈林岛和堪察加半岛以及美国西海岸等地都盛产鲑鱼。

鲑鱼是一种洄游鱼，它们在与这些海域相通的河流中出生以后，会同春天融化的雪水一起，顺着河水游向大海，然后在海中自由地生活上几年。但发育成熟之后，鲑鱼就会沿着一定的路线，历时3~4年，行程5000多千米，最后游回自己的出生地产卵，然后死去。

▲ 鲑鱼

在洄游的过程中，即使遇到小瀑布或岩石等障碍物，鲑鱼也会使出极大的力量，跳过障碍物。它们这种"飞越"瀑布或岩石的行为，多少年来一直被人们誉为奇观。而在到达自己出生时的河川后，鲑鱼便停止摄食，发狂般地一直逆流向上游去。到达上游的浅滩时，雌鲑鱼便用尾鳍挖个坑，开始产卵。这种产卵行为一般要持续1~2周，直到所有的卵全部排完，并完成受精，然后，雌雄鲑鱼便因精疲力尽而死去。

▽ 鲑鱼的体形很大。

在溯河洄游的行程中，鲑鱼是如何认准目标，朝产卵地前进，并最终找到自己故乡的河流的呢？这个问题至今还是个谜。

美国生物学家哈拉斯曾对此进行过深入的研究。他将一群鲑鱼的嗅觉神经割除，然后与一群正常的鲑鱼同时放入与产卵地河流相通的海域。结果，那些被割除嗅觉神经的鲑鱼再也没有回到产卵地的河流。由此看来，鲑鱼似乎是把产卵地的气味作为识别路标的。日本科学家的试验结果也表明，鲑鱼的脑子对产卵地河流的气味十分敏感。

但是，有的学者则认为，鲑鱼一直与太阳保持一定的角度，据此可以确定方向，鲑鱼能够利用体内的生物钟随时修正方向的偏差。这样，它们就能找到自己故乡的河流了。

事实究竟是怎样的？这还有待于科学家们进一步研究和探讨。

◯ 腾空跃起的鲑鱼

◯ 鲑鱼是一种洄游鱼。

鲑鱼洄游时的危险

鲑鱼在向出生时的河川洄游的过程中会遇到许多危险，比如会遭到人类的捕杀，也可能被熊捕食，成为熊的美餐。

匪夷所思的尼斯湖怪

尼斯湖怪是什么动物?
尼斯湖怪是不是古代恐龙的后裔?

尼斯湖位于英国北部印威内斯市的西南方向，深约210~293米，长约39千米，平均宽度约1.6千米，四周长满了郁郁葱葱的树木，是一个风景优美的狭窄湖泊。

🔺 有人认为湖中怪兽是水獭。

1802年，一个农夫在尼斯湖边劳动，突然发现有一只巨大的怪兽露出水面，体形很奇特，用短而粗的鳍脚划着水，气势汹汹地向他猛游过来。1880年初秋，一只全身黑色、脖子细长、脑袋呈三角形的巨大怪兽冲出湖面，掀起一阵阵巨浪，将正在湖面上行驶的一只游艇击沉。1975年6月的一天，设置在尼斯湖中的水下照相机拍得一

🔻 人们猜测，尼斯湖怪可能是某种恐龙。

最不可思议的动物未解之谜

只怪兽的躯体和头部,其躯体呈纺锤状,脖子细长,呈拱形伸展,两个鳍脚从躯体上端伸出。1986年夏天,科学考察人员利用超声波定位仪发现水深68~114米之间的深处有个大型动物在活动,水下声呐装置还记录下了这种未知动物发出的声音。

尼斯湖的怪兽究竟是什么动物呢?科学家们的意见各不相同。

有的科学家认为,尼斯湖怪可能是远古时代蛇颈龙的后裔。远古时代,尼斯湖曾与海洋相连,但在最后一次冰河期结束后,尼斯湖与大洋隔开,湖中的蛇颈龙便被封闭了起来,并侥幸生存繁衍到了今天。还有人认为怪兽很像恐龙中的雷龙。也有人说所谓的尼斯湖怪只不过是人们产生的幻觉,它极有可能是在水中嬉戏的水獭。还有人认为,它可能是浮在水中的古代欧洲赤松的树干。

▶ 远古时代的蛇颈龙

尼斯湖怪到底是什么呢?这还需要科学家们继续搜集证据来研究。

动物大揭秘 Animal

水獭

水獭别名"懒猫",主要栖息于河流、湖泊、水库和溪流中。白天它隐匿于洞中,夜间外出活动。水獭的前爪非常敏捷,尾巴上强有力的肌肉可以使其直立起来。

少年探索·发现系列

长白山天池怪兽的真面目

天池怪兽究竟长什么样子？
天池怪兽是什么动物？

吉林省东南部的长白山地区山高林密、富饶秀美，这里流传着许多神奇的故事，天池神龙的传说就是其中之一。100多年前，有几位猎手上山打猎，看到天池中有一个金黄色的怪兽，它头大如盆，顶上生角，脖子很长，嘴巴下面长有很多胡须。于是猎手们就以为这只怪兽便是传说中的神龙了。后来，人们又多次在这里见到奇怪的巨兽，而且所见到的怪兽样子都不相同。1980年，一位气象工作者看到了怪兽。它的脖子有1米多长，身上的毛是褐色的，但脖子下面的一圈毛却是白色的。一年以后，怪兽再次出现，但这次人们看到的

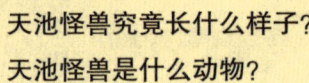

◆ 长白山天池中的怪兽会是什么动物呢？

蛇颈龙

蛇颈龙出现于三叠纪晚期到白垩纪末期，分为短颈蛇颈龙和长颈蛇颈龙两种，在浅水环境中生存。头小，颈长，尾巴短，从整体上看，就像是一条蛇穿过一个乌龟壳。

最不可思议的**动物**未解之谜

▲ 蛇颈龙

怪兽与上次看到的又不相同，它身上的毛是黄色的，头和脖子上的毛是白色的，还拖着一条尾巴。据说，有位记者还拍下了它唯一的一张照片。据估计，照片上的怪兽露出水面的部分达3米长，可以想见它的身躯会有多么庞大了。

如此庞大的天池怪兽究竟是什么动物呢？有人认为，它也许是远古时代遗留下来的蛇颈龙，但这种观点遭到了专家们的否定。长白山天池是由火山口积水后形成的。1702年，这里的火山还喷发过一次，所以这里不可能有远古动物生存。另外，天池中只有一些浮游生物，它们不可能为如此庞大的动物提供足够的食物，而且天池周围的植物也没有被吃过的痕迹。也有人认为天池怪兽其实是黑熊，但这种观点也遭到了一些人的否定，理由是黑熊并不善于潜水，而且有人在黑熊冬眠期间也曾见过这只怪兽。还有人认为天池怪兽是水獭，但水獭的体形并没有照片上所显示的那么庞大。

▲ 黑熊

就这样，天池怪兽的身份之谜，一直困扰了人们100多年，至今仍未解开，只能等待科学家们继续研究和破解了。

少年探索·发现系列

喀纳斯湖中的湖怪

喀纳斯湖中的湖怪究竟是什么动物？
湖怪会不会是早已灭绝的大型哲罗鱼？

喀纳斯湖坐落在阿尔泰深山密林中，这里不仅景色如画，而且，湖中有巨型湖怪的传说，也为其平添了几分神秘的色彩。

> 喀纳斯湖怪会是一种古生物吗？

1931年的一天，一位牧民在湖边牧马，才离开一会儿，回来后便发现马不见了，而原先平静的湖面却不住地在翻滚。1985年7月，20多名师生在此考察时，忽然看到湖面上有一团红影在晃动。它头部很红，大嘴一张一闭，巨大的背脊露出水面，像座小岛。

事后，有人猜测湖怪可能是哲罗鱼。可哲罗鱼的身长一般只有2米多，而湖怪的身长约10米，很难想象哲罗鱼能长那么大。

到目前为止，喀纳斯湖怪的身份之谜还没有揭开。

美丽的喀纳斯湖因为湖怪的传说而显得更加神秘。

[第二章]

昆虫世界奇事

　　昆虫是地球上数量最多、生命力最旺盛的一类动物,它们的身影遍布世界的每一个角落。蚂蚁、蟋蟀、蝴蝶等都是我们所熟悉的昆虫。这些小生命虽然个子不大,但同样有着许多怪异的习性或行为,如:有的昆虫的食性非常奇特,蚂蚁拥有高超的定向能力,蝗虫会集体迁徙,某些蜘蛛(属于蛛形纲)竟然嗜血如命……这些习性或行为是出于什么原因呢?让我们一同走入奇妙的昆虫世界一探究竟吧!

怪异的昆虫食性

为什么有的昆虫幼虫要吃自己的粪便？
小寄生虫为何疯狂地吮吸同伴的体液？

食性就是取食的习性。昆虫种类繁多，其取食食物的种类也是多种多样的。有的昆虫只吃植物，我们称之为植食性昆虫，其数量占昆虫总数的48.2%；有的昆虫则以其他动物的肉为食料，它们有的寄生在别的动物身上，有的则直接捕食其他动物，被称为肉食性昆虫；有的昆虫，如埋葬虫、果蝇等，是以动物的尸体、粪便或腐败食物为食料的，被称为腐食性昆虫；还有一些杂食性昆虫，它们既吃动物性食物，又吃植物性食物。

◎ 蚊子能够吸食动物的血液。

然而，在昆虫界中，有些昆虫的食性非常奇特，让人感到费解。

有一种叫巢虫的昆虫，它们在幼虫阶段总是先吃蜂巢里的蜂蜡，吃完后就吃自己的粪便，将原有的粪便吃完后，再吃新排出的粪便……直到变成成虫。在有了儿女之后，它们也是用自己的粪便来喂养儿女。这是为什么呢？有人从蜂蜡的特点出发进行分析，认为蜂蜡极难消化，从进入巢虫体内到以粪便的形式排出来，蜂蜡的营养价值并未被消耗多少，所以它们会持续食用自

◎ 雌壁虱吸饱了血，肚子马上鼓了起来。

己的粪便。可是，它们是怎么知道蜂蜡的这一特点的？目前，科学家们还没有给出一种合理的解释。

还有一种壁虱科的小寄生虫，寄生在鸟身上。可是，它们只有部分成员吸吮鸟血，其余成员则叮在同伴身上，吸吮同伴的体液。有时，这种现象还会像串珠一样连下去，即第二个吸第一个的体液，第三个吸第二个的体液……更让人不解的是，当它们的体液被自己的同伴吸吮时，它们都泰然自若；而它们吮吸同伴的体液时，也都心安理得。即使肚子已经吃得鼓鼓的，它们也不会停下来，直到被它吸吮体液的同伴死去，它们的嘴巴才离开同伴的躯体。对于这种奇怪的现象，科学家们更是百思不得其解。

动物揭秘 Animal

吃自己粪便的兔子

兔子的粪便分为硬粪和软粪两种，奇特的是，兔子竟有吃软粪的习性。因为软粪中含有大量的维生素菌体蛋白和一些矿物质元素，能帮助兔子吸收营养物质。

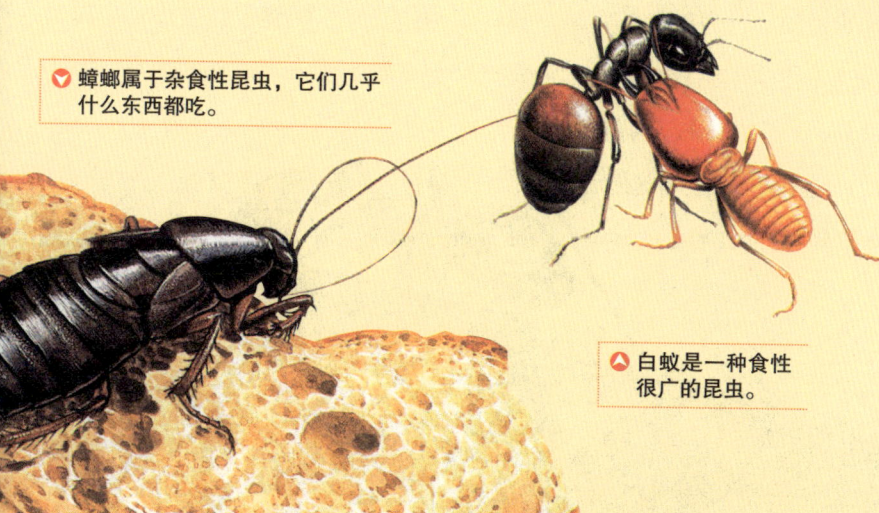

○ 蟑螂属于杂食性昆虫，它们几乎什么东西都吃。

○ 白蚁是一种食性很广的昆虫。

蚂蚁的高超定向能力

蚂蚁为什么不会迷路？
蚂蚁体内的"时钟"定向系统是如何构成的？

▲ 蚂蚁去很远的地方觅食，却从来不会迷路。

蚂蚁生活在一个非常有组织的大家庭中。其成员有等级之分，包括负责繁衍后代的雄蚁、蚁后，以及负责建筑并保卫巢穴，照顾蚁后、卵和幼虫，并寻找食物的工蚁。

工蚁习惯于到离蚁窝几百米远的地方单独觅食，可是，无论路程多长，它们都不会迷路。有的科学家认为，蚂蚁之所以不迷路，是因为它们是靠太阳作为参照物的。也有人认为，蚂蚁是靠沿途的标记物来定向的。

为了弄清楚事实真相，瑞士的两名科学家曾对蚂蚁进行了一系列有趣的试验。首先，他们在清晨捕捉了一些工蚁，并将工蚁放进一个没有一丝光线的潮湿容器里，然后将这个容器放到工蚁不熟悉的地方。中午时分，他们将工蚁从容器中放出来，并在这些工蚁的头上移动一个特制的小车。由于小车上有滤光装

最不可思议的动物未解之谜

▲ 正在劳动的蚂蚁

置，因此，工蚁不仅看不见能够当作定向标的各种物体，而且它们所看见的天空面貌也已经失真。这样，它们就无法利用太阳或标记物来确定方向。尽管如此，这些工蚁并没有迷路，它们非常迅速地找到了正确的方向。同样，科学家们在中午捕捉了一些工蚁，用相同的方法，在傍晚时将其放出，这些工蚁在判断方向时也没有发生错误。

试验证明，蚂蚁并不是单纯依靠太阳的位置或沿途的标记物来判断方向的，它们还有着稳定的记忆力，能够记住太阳在一天的不同时刻在天上运动所经过的弧度，而且具有时钟系统，能够补偿太阳在天空中的视运动的不匀速所带来的误差，从而找出正确的方向。

小小蚂蚁有着如此复杂的"时钟"定向系统，确实让人叹服。但这样一个系统在它们体内是如何构成的呢？这还有待于科学家们进一步进行研究。

▲ 树枝上的蚂蚁群

动物揭秘 Animal

蚂蚁灵敏的触角

蚂蚁不会发出叫声，它们之间的交流完全依靠头上的两根触角。触角上长着灵敏的嗅觉器官，可以帮助它们分辨气味、传递信息等。

蜘蛛求偶过程中的奥秘

蜘蛛的求爱行为与紫外线有关吗？
决定蜘蛛求爱成败的关键因素是什么？

人类的婚恋有千象万态，蜘蛛的"婚恋"也同样无奇不有，令人称奇。

为了吸引雌蜘蛛，有些种类的雄蜘蛛会向对方跳起热情奔放的求婚之舞。即使被雌蜘蛛拒绝，它们也不会打退堂鼓，直到雌蜘蛛接受自己为止。

▲ 跳蛛

有些种类的雄蜘蛛则善用"诱饵"。它们常常捕获一些猎物，送给心仪的雌蜘蛛，用来打动"美人"的芳心。

最近，新加坡一位生物学家惊奇地发现，在蜘蛛择偶的过程中，紫外线扮演着重要角色。

由于跳蛛是蜘蛛王国里视觉最敏锐的蜘蛛，所以，这位生物学家选择用跳蛛来做试验。他发现，当雌雄跳蛛都被置于紫外线光谱下时，两者都开始求爱仪式，如弯腿和隆起或弯曲腹部；反之，雌跳蛛转身就走，而雄跳蛛也是对"女孩"不理不睬，甚至有些怠慢；当雄跳蛛被置于紫外线下而雌跳蛛没有时，由于雌跳蛛看到了来自雄跳蛛反射的光，所以表现出正常的求偶行为，可雄跳蛛却几乎不会搭理雌跳蛛，因为雌跳蛛没有反射紫外线光；当雌跳蛛被置于紫外线下而雄跳蛛没有时，由

▲ 有的雄蜘蛛会以跳舞的方式求爱。

最不可思议的**动物**未解之谜

于雄跳蛛看到了雌跳蛛反射的紫外线光，所以开始求爱，可雌跳蛛却几乎没有反应，因为雄跳蛛没有反射紫外线光。

通过进一步研究，科学家发现，雄跳蛛的头部和脚上覆盖着一层能反射紫外线的鳞片，雌跳蛛的头部则长有一对粗大的能发出亮绿色荧光的触须。经阳光照射，雄跳蛛的鳞片会反射紫外线，呈现亮绿色，雌跳蛛触须内的物质受紫外线激发，会发出亮绿色的荧光。因此，在紫外线的作用下，双方便开始了正常的求偶行为。而且，不同的跳蛛，其反射紫外线和发出荧光的能力也各不相同。

不过，科学家们目前还没有研究清楚跳蛛之外的其他蜘蛛在求偶时是否受紫外线的影响，也不知道在蜘蛛求偶过程中，紫外线与送礼物等方式谁的作用更大。因此，他们还将继续进行研究。

▲ 雄蜘蛛正在捕捉猎物，准备送给"心上人"。

▼ 有人认为，蜘蛛的求爱行为可能与紫外线有关。

动物揭秘 Animal

可怕的"爱情杀手"

雌蜘蛛与雄蜘蛛交配结束后，往往会出其不意地将雄蜘蛛咬死，并将其吃掉。因为这样可以给雌蜘蛛补充营养，使雌蜘蛛的卵更好地发育。

少年探索·发现系列

可怕的嗜血蜘蛛

嗜血蜘蛛为什么喜欢吸食人的血液？
嗜血蜘蛛为什么能准确捕捉雌性蚊子？

△ 蜘蛛结网捕捉猎物。

美国著名的动物学家波得教授曾与其助手坎坡斯来到亚马孙河流域茂密的丛林中探索未知的动物。在一条岔路口，两人决定分头行动。两人分开后，仅仅过了四五分钟，坎坡斯便大声呼救。当波得教授赶到坎坡斯身边时，只见他的躯干和四肢被许多粗丝紧紧缠住，看起来非常痛苦。一只巨大的蜘蛛正在吸取坎坡斯的血液。身手敏捷的波得教授见状，马上掏出手枪，将这只巨大的蜘蛛击毙。后来，他们捕捉了四五只这样的蜘蛛，装在瓦罐中，准备带回去进行研究。

在返程途中，他们借住在一个村民家中。这家的小男孩对这些蜘蛛产生了兴趣。夜深人静时，小男孩偷偷打开瓦罐，想看个究竟。没想到

▽ 嗜血蜘蛛对人类的血液非常感兴趣。

最不可思议的动物未解之谜

被蛛丝层层裹住。小男孩在惊慌中赶紧向家人大声呼救。但是，等其他人闻声赶来时却发现，小男孩全身的血都已经被蜘蛛吸光了。

后来，又有科学家在东非地区发现了这种嗜血蜘蛛。它们并不是编织好一张网等待猎物的到来，而是凭借敏锐的视觉和灵敏的嗅觉主动出击。如果不能直接吸食人体血液，它们也会捕食刚吸食过人类血液的雌性蚊子。

嗜血蜘蛛为什么对人类的血液青睐有加呢？

有的科学家从生物学的角度进行分析，认为嗜血蜘蛛对人类血液非常青睐是因为人类的血液对它们十分重要。由于嗜血蜘蛛很难直接食用固态食物，所以，它们在进食固态食物时，会将一种消化酶注射到食物上，将固态食物转化成为液态，然后再慢慢享用。在这个过程中，它们需要消耗大量的体力和能量，而人类的血液富含营养，能够满足它们的需要。因此，人类的血液便成了它们的首选食物。

▲ 嗜血蜘蛛也捕捉雌性蚊子。

那么，嗜血蜘蛛又是如何准确捕捉雌性蚊子的呢？

科学家们认为，蜘蛛是一种具有非凡化学感应能力的动物，它们能够通过灵敏的嗅觉，准确地探测到含有血液的猎物。再加上雌性蚊子在饱吸人类血液后，飞行速度会变慢，所以更容易成为嗜血蜘蛛的猎物。

不过，以上解释都只是科学家们的推测，真正的原因还有待于科学家们进一步进行探索。

动物揭秘 Animal

天生的"近视眼"

蜘蛛视力很差，几乎看不见什么东西。但它们可以敏锐地感觉到蛛网的振动，并由振动准确地判断网上猎物的大小、位置和死活。

神奇的蜘蛛丝

> 蜘蛛丝有什么特点？
> 蜘蛛丝的质量是否会受湿气的影响？

蜘蛛丝又细又轻，最细的蛛丝直径只有万分之一毫米；一条能绕地球一周的蛛丝，只重168克。

▲ 蜘蛛丝具有很多优良特性。

蜘蛛丝的强度和韧性是目前已知的天然纤维中最高的。有人做过这样的试验：他们拿来同样粗细的钢丝和蜘蛛丝，让两者同时接受拉力试验，结果发现，扯断蜘蛛丝需要使用的能量比扯断钢丝需要使用的能量足足大100倍。

此外，蜘蛛丝还具有耐热的特性。人们通过试验发现，蚕丝在140℃时便会产生黄化的现象，蜘蛛丝却在超过300℃时才会产生黄化现象。

▼ 结构完美的蜘蛛网

再次，除了耐热，蜘蛛丝还具有耐低温特性。据测试，即使在-40℃时，蜘蛛丝也富有弹性，只有在更低的温度下才会变硬。

蜘蛛丝的主要成分是蛋白质，这一特点又使其具有生物分解与回收等优点，不会污染环境。

小小蜘蛛吐出的蜘蛛丝为什么会有如此多的优良特性呢？对于这个问题，科学家们目前还不能给出合理的解释。

不过,由于蜘蛛丝具有这么多的优良特性,因此它很早便被人们运用于日常生活中了。

比如,巴布亚新几内亚的渔夫就会利用热带金蛛织的大网做成渔网来捕鱼。

从1930年开始,人们便将蜘蛛丝用作望远镜、枪炮的瞄准系统中光学装置的十字准线。

20世纪90年代,人类开始利用基因和蛋白质测定技术深入研究蜘蛛丝的蛋白基因组成、结构形态、力学性能等,由蜘蛛丝制成的物品已运用在了军事、航天、医疗卫生等诸多领域。

不过,科学家们在研制"人造蜘蛛丝"的过程中发现,氨基酸在聚合成丝时,有没有水分对于丝形成之后的强韧度影响很大。那么,蜘蛛吐丝结网时,会不会因为大气中湿气的不同而使结出的蜘蛛网质量不一呢?这也需要科学家们进行深入研究。

▽ 蜘蛛网韧性很好。

有趣的蛛网

蜘蛛编织的蛛网形状五花八门,有圆形的,有三角形的,还有漏斗状和渔网状的。蛛网上放射状的丝每两条之间的夹角正好相等,十分神奇。

◁ 蛛网的密度不一。

少年探索·发现系列

蟋蟀叫声中的秘密

> 蟋蟀为什么不停地鸣叫?
> 蟋蟀的鸣叫与温度变化有关吗?

蟋蟀是一种可爱的昆虫,因为雄性蟋蟀能发出"蛐蛐"的声音,所以人们也叫它们"蛐蛐儿"。蟋蟀生活在土壤稍微湿润的旱田里、砖石下面或草丛间。每到寂静的夜晚,它们就会出来活动。生物学家们发现,雄蟋蟀在求偶时会发出"蛐蛐"的鸣叫声,进行争斗时也会发出响亮的鸣叫声。与雌蟋蟀交配前,雄蟋蟀还会唱起婉转而轻柔的情歌。那么,除此之外,蟋蟀鸣叫还有没有其他原因呢?

1897年,美国一位物理学家发现,蟋蟀的鸣叫与温度有直接关系。后来,英国一些研究人员通过测试也发现,蟋蟀在15秒内鸣叫的次数加上40,所得的数字正好是当时当地的华氏温度。而且,雄蟋蟀对温度的变化非常敏感,哪怕是极细微的温度变化,雄蟋蟀也能察觉到,并会通过改变自己的鸣叫次数体现出来。蟋蟀的鸣叫果真与外界环境的温度变化有关吗?科学家们将继续对此进行研究。

◁ 蟋蟀也就是我们通常所说的"蛐蛐儿"。

◁ 雄蟋蟀能敏锐地察觉到温度的变化。

埋葬虫葬尸之谜

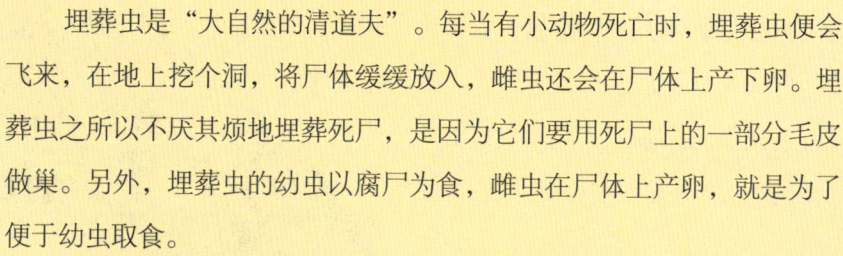

埋葬虫能闻到多远距离的死尸气味？
埋葬虫为什么能背得动巨大的尸体？

埋葬虫是"大自然的清道夫"。每当有小动物死亡时，埋葬虫便会飞来，在地上挖个洞，将尸体缓缓放入，雌虫还会在尸体上产下卵。埋葬虫之所以不厌其烦地埋葬死尸，是因为它们要用死尸上的一部分毛皮做巢。另外，埋葬虫的幼虫以腐尸为食，雌虫在尸体上产卵，就是为了便于幼虫取食。

有人曾在落叶堆上放了一只刚死去的老鼠，35分钟后，有9只埋葬虫陆陆续续地飞来。它们是如何知道此处有死尸的？有的科学家解释说，埋葬虫的嗅觉很灵敏，能很快闻到附近死尸的气味，并在第一时间赶到。但是，如果距离稍远些，埋葬虫会闻到吗？它的嗅觉最远能闻到多远距离的死尸气味呢？科学家们还没有研究清楚。

还有人故意将一只老鼠的尸体放置在硬地上，结果发现，埋葬虫认为那里的土地硬度不适合掘地埋葬，便钻入死尸下面，背起死尸一寸一寸地向软地移动。小小的埋葬虫怎么会有如此大的力量，能背得起比自己大得多的尸体？科学家们还无法做出满意的解释。

▲ 埋葬虫正在埋葬老鼠的尸体。

蝗虫军团迁徙探秘

> 为什么会有大量蝗虫聚在一起？
> 蝗群为什么要集体迁徙？

世界上有两万多种蝗虫，如笨蝗、彩蝗、大蝗虫等。自从人类开始进入农耕时代以后，蝗虫就一直是人类的大敌。它们不仅集群啃噬庄稼，也对人类生活的其他方面造成重大影响。

那么，这么大数量的蝗虫从何而来？它们为什么会聚在一起呢？昆虫学家经过多年研究，已初步解开了其中的一些秘密。首先，蝗虫产卵的地方比较集中，多数在光照充足、土质坚硬的地方。雨量充足的日子最适合蝗虫繁殖。蝗虫成为幼虫后食量惊人，时间不长就能长出翅膀，变成飞蝗，从而出现成千上万蝗虫顺风飞行觅食的现象。另外，蝗虫为了维持体温，也需要成群结队地活动，因而会越集越多，从而形成数量惊人的蝗群。蝗群聚在一起后，会大规模迁徙，从而形成大规模的蝗灾。

公元前125年，蝗虫毁坏了北非

▲ 蝗虫会为了寻找食物而长途迁徙

蝗虫看不见的耳朵

蝗虫的耳朵位于第一腹节两侧，各有一片镜面一样的鼓膜。当蝗虫休息时，两只耳朵会被翅膀完全盖住，只有在展翅飞翔时才会暴露在外面。

的庄稼，导致8万人被饿死；公元591年，意大利遭受的一次蝗灾，人畜死亡100多万；1613年，法国卡马尔格区的蝗虫成灾，一天之内被蝗虫吃掉的青草足够4000头牲畜吃一年；1889年尼罗河谷发生的蝗灾，

▲ 食量惊人的蝗虫幼虫

使得庄稼颗粒无收，以至于老鼠都饿死无数；1949—1963年间，蝗虫在非洲大量繁殖，每年造成的损失约有1亿美元；1958年，发生在埃塞俄比亚的蝗灾使得当地的100万人惨遭饥饿之苦……

中国自古以来也有很多关于蝗灾的记录。

那么，数量庞大的蝗群为什么要长途迁徙呢？有人说蝗虫迁徙是为了寻觅食物，可是，有些蝗群迁徙的路程竟然长达3000多千米，有时还要跨越重洋。如果仅仅是为了寻找食物的话，它们根本没必要进行这样的长途跋涉。又有人认为，它们是为维持身体热量而追随着太阳移动的。但有些蝗群的迁飞路线却是从赤道一直向两极方向飞。

看来，人们对蝗虫的集群及迁徙等行为还没有完全研究清楚，还需要进行进一步的探索。

▼ 蝗虫啃噬庄稼，给人类带来极大的危害。

少年探索·发现系列

会吃人的野蜂

> 泰国野蜂为什么要啃噬人肉?
> 吃人野蜂有哪些生活习性?

19世纪末,有一支探险队在泰国发现了可怕的食人蜂群。那天,探险队的几个成员在路上听到前方的草丛中传来一阵小女孩的尖叫声,还发现许多大野蜂嗡嗡乱叫着,不停地往前飞。当他们循声而至时,只见一个小女孩被一群黑压压的野蜂所笼罩,正在草丛中痛苦地挣扎着。同时,成群结队的野蜂仍然源源不断地从四面八方飞来。它们残暴地啃噬着小女孩的肉,仅仅一眨眼的工夫,女孩就只剩下了一副骨架。

但是,那群野蜂在吃完小女孩的肉之后,似乎还没有得到满足。当它们发现这几个探险队员后,便一窝蜂地朝着他们飞了过来。探险队员们马上找了一些大树枝,同迎面飞来的野蜂群展开了激烈的战斗,打死了一拨又一拨的野蜂。那些被打死

▼ 正在哄抢食物的野蜂

▼ 吃人野蜂也有同胡蜂相似的螯针。

野蜂也像蜜蜂一样，黑压压地聚在一起。

的野蜂掉在地上，居然铺了厚厚的一层。经过一番激战，野蜂终于被赶走了。

事情发生后，探险队员们认真观察了这种野蜂的样子并研究了其生活习性。他们发现，野蜂的个头是普通蜜蜂的10～15倍，嘴是一根又粗又硬的黑色"针管"，用来吸食人肉。在这根"针管"的旁边还有几排小牙齿，可以用来咀嚼。而它们那个鼓鼓囊囊的大肚子，似乎永远填不饱。这种野蜂对血腥味非常敏感，一闻到血腥味就会倾巢而去，寻找食物。找到食物后，则用上下颚长着的5颗锋利的牙齿和那根又粗又硬的"针管"，连咬带吸。

为了消灭吃人野蜂，探险队员们想方设法，最终找到了这种野蜂的老巢。它们的老巢其实是一个巨大的石洞。探险队员们看到，石洞的周围密密麻麻地趴着吃饱了的野蜂，周围的树上也趴满了正在休息的野蜂。最后，聪明的探险队员们用火攻的方法一举摧毁了这个老巢。

对于这种野蜂啃噬人肉的原因，有人猜测，可能啃噬人肉可以为它们提供必要的能量。但这仅仅是一种猜测。要彻底弄清楚这个问题，科学家们还需要继续进行研究。

野蜂的巢穴在一个巨大的山洞内。

动物揭秘

蜜蜂的螫针

蜜蜂的螫针位于其腹部末端，由两根一侧带有倒刺的细针及一根针鞘构成，后方连有毒囊。蜜蜂平时会将螫针收于体内，螫人或攻击时才伸出。

蝴蝶与蚂蚁为何互食

> 棕纹蓝眼斑蝶幼虫是如何知道蚁穴里有自己需要的食物的？
> 棕纹蓝眼斑蝶幼虫欲擒故纵的欺骗本领是与生俱来的吗？

棕纹蓝眼斑蝶的幼虫就是我们常见的毛虫的样子，生活在欧石南树上，以欧石南树的树叶为食。当它在昏睡中完成几次变态后，便下到地面上来，准备进食小昆虫。

▼ 刚从蛹中钻出来的蝴蝶

20世纪末，美国一位动物学家在野外考察时，无意间发现了这样一个怪现象：一条棕纹蓝眼斑蝶幼虫下到地面后，很快便爬到一条蚁道上。这时，正巧有一只蚂蚁从对面爬了过来。当两者擦身而过的时候，蚂蚁用尖尖的触须在毛虫身上轻轻地刺了一下，毛虫立即缩成一团装死。蚂蚁到毛虫身上爬了一会儿，一大群蚂蚁便赶了过来。它们齐心协力，将比自己大很多的毛虫拖回了蚁穴。整个过程中，毛虫完全听任蚂蚁的摆布。

一段时间之后，这位动物学家再次光临这个蚁穴时，突然发现从里面飞出一只蝴蝶。经过仔细观察，他发现这竟是一只棕纹蓝眼斑蝶。浓重

动物大揭秘 Animal

蝴蝶不断变化的一生

蝴蝶从小到大要经过四次巨大的改变。它最初只是一枚小小的虫卵，然后孵化成毛毛虫，再由毛毛虫变成蛹。当它从蛹里飞出来时，就成为美丽的蝴蝶了。

最不可思议的动物未解之谜

的好奇心驱使他掘开蚁穴，一探究竟。可奇怪的是，蚁穴里除了众多蚂蚁外，既没有蚁卵，也没有幼蚁。在认真研究后，他发现，原来蚂蚁的幼虫是棕纹蓝眼斑蝶幼虫所需要的食物，而棕纹蓝眼斑蝶幼虫肚子里则有一种令蚂蚁们陶醉的甜汁。因此，棕纹蓝眼斑蝶幼虫便采取了"欲擒故纵"的策略，故意让蚂蚁把自己拖进蚁穴，以便随意食用蚂蚁幼虫；雄蚁和蚁后则靠食用棕纹蓝眼斑蝶幼虫身上的甜汁而强身健体，使得繁衍能力大增。为此，蚂蚁不惜引"狼"入室，甚至置断子绝孙于不顾。这真是生物界的一大奇观！

▲ 蝴蝶幼虫

然而，为什么棕纹蓝眼斑蝶幼虫一出生就知道蚁穴里有自己成长所需的食物呢？它们对蚂蚁采取的欲擒故纵的手段，为什么在一出生时就会使用？这些问题确实耐人寻味。

▲ 蝴蝶的一生

▽ 棕纹蓝眼斑蝶幼虫与一只蚂蚁相遇。

少年探索·发现系列

翅膀上写着字的蝴蝶

蝴蝶翅膀上有趣的图案仅仅是一种巧合吗?
人类创造字母是否受到过蝴蝶翅膀上图案的启发?

▲ 蝴蝶翅膀上的图案非常对称。

蝴蝶的翅膀五彩斑斓,非常漂亮。那些美丽的花纹是由瓦片状的鳞片构成的。鳞片排列得很整齐,具有一定的防水功能。

有些蝴蝶的翅膀不仅五彩斑斓,而且上面还有许多有趣的图案。比如:在中国辽宁千山,有一种十分奇特的蝴蝶,这种蝴蝶翅膀上的图案看上去好像英文字母的C。美国一个名叫福斯特的人,甚至搜集全了翅膀上有26个英文字母图案的蝴蝶,以及翅膀上有阿拉伯数字的蝴蝶。此外他还发现,一些蝴蝶翅膀上还有类似于"!""?"","等符号的图案。

那么,这些蝴蝶翅膀上有趣的图案与我们所熟悉的字母、数字、符号等相同,是一种巧合吗?人类创造出这些字母、数字、符号,有没有受到过蝴蝶翅膀图案的启发呢?这些谜团还有待于科学家的进一步探索。

▷ 这只蝴蝶的翅膀上好像写着数字"8"。

[第三章]

两栖、爬行之谜

　　鱼类是两栖动物的祖先，长期的物种进化使两栖动物大多既能活跃于陆地，又能游动于水中。而龟、蛇等爬行动物则可以适应各种不同的陆地生活环境。两栖动物和爬行动物有一些很奇特的地方，如：青蛙会莫名其妙地自相残杀，龟的寿命非常长，西法罗尼亚岛上有一种毒蛇居然懂得"朝圣"……走进两栖、爬行动物的世界，你将会有意想不到的巨大收获！

少年探索·发现系列

令人疑惑的蛙会奇观

众多石蛙为什么要会聚于衡山广济寺?
是什么事情使聚会的石蛙在一夜之间散去?

每年冬春时节,在中国南岳衡山广济寺的冰雪世界里,都会出现奇特的万蛙聚会的场面。广济寺位于衡山祝融峰下,群峰环绕,古木茂盛。一年一度的万蛙聚会就在寺前的水田中上演。立春前后,成千上万的石蛙纷至沓来,有褐色的、黄色的,也有棕色的、黑色的;有的大如碗口,有的则小似花生。起初,这些石蛙或成团嬉戏,相互取乐;或首尾相咬,围成圆圈;或前呼后拥,摆成长龙。然后蛙骑蛙,层层堆叠,堆叠成的形状酷似宝塔,或大或小,或高或低,最高可达1米。石蛙在聚会时会产卵,其卵如黄豆般大小,密密麻麻、弯弯曲曲地排列成一条条长线,像蜘蛛网一样布满水田。

石蛙聚会多则半月,少则数日。然后,石蛙就会在一夜之间突然散去,留下满田的蛙卵。

冬春时节的高山田野里为什么会出现这种蛙会奇观呢?那么多石蛙为什么会在一夜之间全都散去?这些都是尚待揭开的谜团。

◀ 石蛙

◀ 衡山祝融峰

青蛙为何自相残杀

> 自相残杀是不是青蛙的某种习性?
> 青蛙自相残杀与气候变化有关吗?

1977年春夏季节,中国广州遭遇了多年不遇的干旱,直到9月初才迎来了一场大雨。雨过天晴后,在近郊公路旁的一个水坑边传来一阵震耳欲聋的蛙鸣。只见这个水坑里聚集着无数只青蛙,它们正在进行着一场生死较量。有的青蛙正在水面上互相追赶,有的青蛙正抱成一团互相撕咬……水坑里鲜血淋漓,惨不忍睹。

△ 青蛙正在吞食同类。

两年后,在贵州省某地的一块水田里,竟然又有人发现成千上万只青蛙正在互相残杀。据目击者描述,当时水田里蛙声一片,震耳欲聋,到处都是青蛙的鲜血和残肢。

那么,青蛙究竟为何会有如此奇怪的举动呢?人们百思不得其解。一些动物学家猜测,蛙类自相残杀可能是为了寻伴求偶。但是也有人对这种解释持反对意见,他们认为青蛙之间的这种残杀可能是某种气候变化的先兆。然而,到底气候会发生什么变化,没人能说清楚。看来,要揭开青蛙自相残杀的谜团,还需要假以时日。

△ 准备厮杀的青蛙虎视眈眈地注视着同类。

少年探索·发现系列

长久不死的青蛙和蟾蜍

青蛙和蟾蜍为什么能长久维持生命呢?
岩石中的青蛙和蟾蜍如何获得热量?

1782年4月,法国巴黎近郊的一位打石工人无意间在地下4米深处的石灰岩层中,发现了4只还有生命体征的蟾蜍。它们并排存活于一块巨大的石头缝中。经科学鉴定,它们已经存活了100多万年。

1946年7月,一位石油地质学家在美洲墨西哥的石油矿床里,发掘出一只冬眠的青蛙。这只青蛙被埋在2米深的矿层内,被发掘出来的时候皮肤还是柔软的,而且富有光泽。经科学测定,这个矿床是在200多万年前形成的,这只青蛙可能是在矿床形成的时候被埋在矿层内的。因此,这只青蛙在矿层里已经生存了200多万年了。

在漫长的时光中,这些蟾蜍和青蛙究竟是怎样维持生命的呢?

有的科学家分析说,可能是这些动物在冬眠的时候地壳发生了变动,它们所在的淤泥变成了岩石。这些岩石虽然看起来很坚固,其实存在着不少微小的缝隙,所以,水分和空气能进入岩石中,它们便可以生存了。但是,动物要维持生命,还需要一定的热量,尽管蟾蜍或青蛙在冬眠

△ 蟾蜍

◇ 蟾蜍在草丛中挖洞冬眠。

◁ 青蛙有着柔软而富有光泽的皮肤。

时热量消耗非常低，但它们自身的热量，无论如何也无法维持数千年甚至数万年之久啊！

有的科学家解释说，蟾蜍和青蛙能经过成千上万年仍有生命体征，得益于它们生存在一个永久保持"恒温"的状态下。在这样一个状态下，它们不会受到风、雨、寒、热等天气变化带来的刺激，不进行新陈代谢，不消耗能量，就像把生命储存起来一样。

还有科学家认为，蟾蜍和青蛙之所以长久不死是因为体内有一种甘油在起作用。美国的一位科学家就曾做过这样的试验：他先把几只快要冬眠的青蛙放在-6℃的环境中，一周之后，他给青蛙慢慢地提高温度解冻，并检查青蛙肌肉的成分，结果发现肌肉中多了一种甘油。于是他认为，蟾蜍和青蛙在冬眠时，由于体内形成了一种甘油，所以才长久不死。

对于蟾蜍和青蛙如何长久维持生命的问题，科学家们还没有形成一致的意见，他们将继续研究和讨论下去。

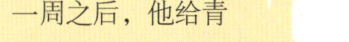
冬眠中的青蛙

有人认为青蛙体内会产生一种甘油，因此长久不死。

青蛙的冬眠

青蛙有冬眠的习性。当寒冷的冬季即将来临时，青蛙便用后肢挖掘洞穴，然后潜入洞穴中，用温暖和湿润的土壤包裹身体，开始漫长的冬眠。

为什么龟的寿命很长

通常,龟能活多少年?
所有的龟都长寿吗?

一位韩国渔民曾经捕捉到一只海龟,它身长1.5米,体重90千克,龟背上还附着着很多牡蛎和苔藓。一些专家对其进行研究之后,认定这只海龟至少已经700岁了。

1737年,有一只象龟在印度被捕获。经鉴定,这只象龟当时的年龄在100岁左右。后来,它被一个动物爱好者领回家,饲养了很长时间,之后又被送到伦敦动物园饲养。它一直生活到20世纪20年代,其寿命长达300年。

不过,并非所有的龟都特别长寿,这与龟的种类以及它们所处的环境等因素有关。有的龟能活上百年,而有的龟却只能活15年左右。

那么,龟长寿到底是什么原因造成的呢?有的科学家认为,龟的寿命与其个子大小有关。个子大,寿命就长,反之就短。像海龟和象龟这些长寿龟,都是出了名的大个子。但是,也有人反对这种观点。因为在1971年,有人从长江中捕获过一只个子不大的龟,它的背甲上

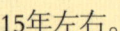
行动缓慢的陆龟

最不可思议的动物未解之谜

▶ 象龟的寿命达300年左右。

刻着"道光二十年"的字样,那一年是公元1840年。因此,从刻字的时候算起,它就已经活了132年了。这只龟的情况该如何解释?

有些动物学家认为,吃素的龟比吃肉或吃杂食的龟寿命要长。生活在太平洋和印度洋热带岛屿上的象龟,主要吃青草、野果和仙人掌等素食,所以大都能活300岁左右。但是,也有研究资料显示,一些大头龟以蛇、鱼、蠕虫等为食,可它们的寿命同样很长。

有些科学家从细胞学、解剖学、生理学等方面对龟进行了研究。他们发现,寿命较长的龟比寿命较短的龟的细胞繁殖代数要多。因此,他们认为龟的长寿与其细胞繁殖代数多有关。

▶ 美国淡水泥龟的个子非常大。

有的科学家还检查了龟的心脏,发现龟的心脏被取出来后,还能继续跳动两天。因此,他们认为龟的长寿与其心脏机能强大有密切关系。

还有科学家认为,龟之所以长寿,与其行动缓慢、新陈代谢速度慢,以及具有耐旱、耐饥的生理机能有关。

看来,要揭开龟的长寿之谜,科学家们还有很多工作要做。

▶ 有人认为个子小的龟寿命短。

动物大揭秘 Animal

长"年轮"的象龟

象龟是一种非常长寿的龟,可以活上几百岁,堪称动物王国中的"老寿星"。它的背上有像树木年轮一样的环形纹,每一环就代表一年。

怕水的四爪陆龟

四爪陆龟为什么格外怕水？
四爪陆龟有哪些奇特的生活习性？

龟的身体长圆而扁，背部隆起，有坚硬的龟壳保护着身体的各个器官。它们的四肢粗壮，趾有蹼爪，头、尾和四肢都有鳞，且均能缩进壳内。世界上的龟共有数百种，有淡水龟、海龟和陆龟等几大种类。陆龟一般都有短粗的腿和钝钝的爪子，而海龟的腿则扁平，像鳍一样。淡水龟的腿既可以游泳，也可以行走，有时甚至还能用来进行攀爬。

在中国新疆伊犁河北岸霍城县境内的山野中、天山山脉的西南部，以及哈萨克斯坦南部荒漠、黑海东岸、印度西北部、巴基斯坦北部等地，生活着大大小小的陆龟，最大的有盘子那么大，最小的和拇指差不多。这种龟与江河中的乌龟大不相同。它们的背甲中部略微扁平，看上去其背甲基本上呈圆形。头比较小，前肢粗壮而略扁，后肢为圆柱形，脚上没有蹼，只有四只爪。当地人叫它

动物揭秘 Animal

龟的生活习性

龟属杂食性动物，主要以小鱼、小虾及一些昆虫为食，同时也吃植物嫩叶、浮萍、稻谷、麦粒等。它们有发达的嗅觉和听觉，对地面传导的振动极为敏感。当气温低于10℃时，龟就要进入冬眠状态了。

▼ 在天山山脉的西南部有四爪陆龟生存。

"塔斯帕卡",动物学上称之为"四爪陆龟"。据研究,四爪陆龟诞生在距今530万~2330万年前的中新世,属于国家一级保护动物。四爪陆龟与其他乌龟不同,普通乌龟在水中与陆地上均可存活,但四爪陆龟却格外怕水,一旦误入沼泽或水池,就只有死路一条。它们生活在海拔700~1000米的黄土丘陵地带,常在蒿草丰富、土质湿润、螺壳较多的阴坡凹地栖息。阴天或夜晚就躲藏在洞穴中。它们是攀登的好手,即使是垂直陡峭的悬崖,它们也能敏捷地攀爬。

▲ 正在散步的陆龟

▲ 四爪陆龟的背甲呈圆形。

四爪陆龟喜食植物的花果及肉质叶片,当条件允许时,也会吃些猪肝等食物,好饮水。据说,四爪陆龟最爱睡觉,既冬眠又夏眠,一年最少长眠10个月。每年春季小草萌芽时,它们便从冬眠中苏醒,爬出洞外觅食、交配、产卵。雌龟一次产卵2~10枚,龟卵产在洞里,埋在土中让大地孵化。到夏季气温升高时,它们就进洞夏眠了。陆龟生活的地方蛇很多,可陆龟却常常与蛇幽居于一洞。

陆龟为什么会具有这些奇特的习性呢?科学家们正在对四爪陆龟进行进一步的研究。

▲ 陆龟一般都有粗壮的腿。

直击海龟的"自埋"

海龟为什么要把自己藏起来呢?
海龟"自埋"行为是偶然的吗?

▽ 海龟

海龟主要分布在热带海域,常在平静的海湾出没。海龟的四肢粗壮笨重,成桨状,背甲覆盖有角质盾片。除了产卵和晒太阳,海龟一般很少上岸。

曾经有人在美国佛罗里达州东海岸的淤泥里发现了一个"海龟壳"。可后来才发现,那根本不是什么海龟壳,而是只活生生的大海龟。这只海龟为什么要把自己埋在淤泥里呢?很多人都试着提出了自己的见解。

第一种解释:这可能是海龟冬眠的一种方式,因为海底的动物和许多陆地动物一样,也有这种长时间睡眠的习性,尤其是在寒冷的冬天,有很多生活在海底的动物都会冬眠,以此来度过漫长的冬天。但美国一位叫罗丝的女潜水员曾经在海底发现几只将自己"活埋"的海龟,它们在发现罗丝后,都立刻逃走了。这说明,海龟的"自埋"不可能是长时间的冬眠。

第二种解释:这是一些海龟为清除身上的藤壶(一种海生软体动物)而采取的方式。在淤泥里长时间"浸泡",会让这些讨厌的寄生虫

▷ 海龟具有"自埋"的奇怪行为。

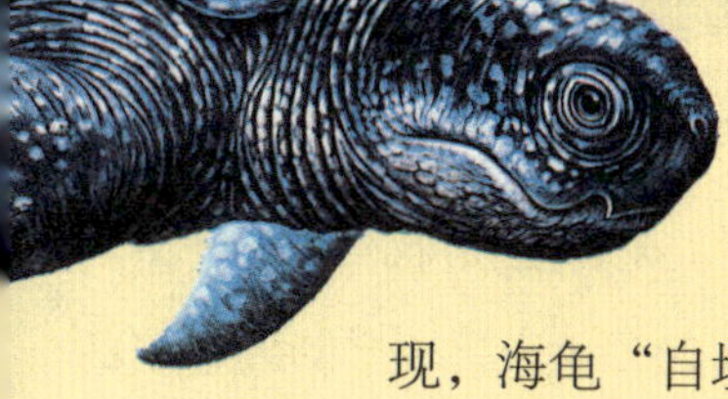

▲ 有人说，海龟"自埋"只不过是它的一种冬眠方式。

窒息。但是，一些科学家通过实地观察发现，海龟"自埋"的时候，是把脑袋扎到淤泥里去的。寄生在它们头上的藤壶固然可以因缺氧而死，可寄生在它们身体中部和尾巴上的藤壶却仍然活得好好的啊！而且，有些海龟身上并没有藤壶，为什么也有"自埋"行为呢？

第三种解释：这是海龟在冰冷的海水里取暖的一种方式。可是据美国女潜水员罗丝称，她发现海龟"自埋"的时候，海水温度为21.7℃。可见，海龟"自埋"并不是为了取暖。

看来，要彻底弄清楚海龟"自埋"行为问题上的种种谜团，科学家们还得继续进行相关的研究。

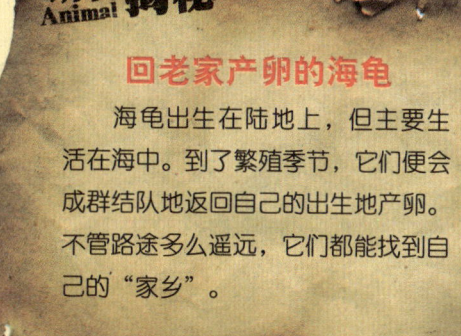

动物揭秘 Animal

回老家产卵的海龟

海龟出生在陆地上，但主要生活在海中。到了繁殖季节，它们便会成群结队地返回自己的出生地产卵。不管路途多么遥远，它们都能找到自己的"家乡"。

少年探索·发现系列

毒蛇"朝圣"之谜

西法罗尼亚岛上的毒蛇为什么会定期到教堂？
去教堂"朝圣"的毒蛇为什么会长有类似十字架形状的记号？

▲ 普通的蛇并不会定期光临教堂。

希腊的西法罗尼亚岛上流传着这样一个美丽的传说：很久以前，有一群海盗洗劫了西法罗尼亚岛，还把岛上的24名修女捉走了。幸亏圣母把这些修女变成了毒蛇，使她们摆脱了被玷污的命运。这些修女为了报恩，就在每年8月6日到8月15日，去教堂朝拜感恩。

这仅仅是一个美丽的传说，但事实上，120多年来，那里的确有数以千计的毒蛇于每年8月6日到8月15日期间，纷纷爬向坐落在岛上的两座教堂。它们通常都是在教堂的圣像下面盘踞10天左右才离开。巧的是，8月6日和8月15日其实是希腊的两个重要的宗教节日，分别是纪念上帝的日子和纪念圣女的日子。更令人惊奇的是，这些毒蛇的头上都有一个类似十字架形状的记号。

这些毒蛇为什么会定期来教堂？它们为什么正好是在当地的重要宗教节日期间光临教堂？这些现象让科学家们百思不得其解。

◀ 西法罗尼亚岛上的毒蛇会定期"朝圣"。

最不可思议的**动物**未解之谜

奇异的双头蛇

> 双头蛇的寿命有多长？
> 双头蛇的形成与什么因素有关？

有关双头蛇的传说已经有1000多年的历史了，中国古书中对双头蛇也多有记载。不久前，一位学者在北非亲眼见到了一条双头蛇。

他是在热带丛林中的一个偏僻村寨中见到双头蛇的。这条双头蛇是当地土著人崇拜的护身符，整个村寨的人们都精心喂养和照料它。这条双头蛇很像响尾蛇，而身体的大小又像蟒蛇，有剧毒，主要靠猎食各种小动物为生。

为什么会出现双头蛇呢？有人认为，双头蛇实际上是蛇在染色体复制或配对过程中产生了突变而出现的蛇的变异种。但是，据生物学家们分析，因为身体结构不同于正常同类，这种蛇多数只能存活1~2周。可这位学者所见的这条双头蛇既然被当地土著人作为护身符一样来崇拜，受到精心喂养和照料，其寿命肯定远远超过2周。这又是怎么回事呢？

关于双头蛇的这些谜团，科学家们至今还没有找到满意的答案。

△ 双头蛇长得很像这条响尾蛇。

△ 双头蛇的身体大小跟蟒蛇相似。

少年探索·发现系列

射阳海滨巨蛇之谜

巨蛇的藏身之处在哪里？
食量惊人的巨蛇为什么没有伤害过人或牲畜？

据说，在1936年5月的某一天，中国江苏射阳的一位老人在河边发现离他约80米的地方，一条巨蛇正昂着头，探出长长的身子，"嘶嘶"作响地吐着足有扁担那么粗的信子。那条巨蛇高高昂起脖子时，足有电线杆那么高，身体有水缸那么粗，体色很像赤练蛇，血红的信子足有2米长！除了这位老人，村里还有很多人都说自己也曾亲眼看见过巨蛇。

专家们曾费尽心思寻找巨蛇的藏身之处，却一直没有找到。按理说，射阳地处平原，巨蛇很难有藏身之处。如果它生活在芦苇荡里，那冬天一到，它又能藏到哪儿去呢？又或者它是碰巧顺着海潮游到射阳河里的一条海蛇，后来又随海潮回归了大海？

另外，如此巨大的蛇理应食量惊人，为什么长期以来在射阳一带没有发生过巨蛇伤人或伤家畜的事情呢？关于这条巨蛇的许多问题，都成了困扰人们的谜题。

◀ 传闻中的巨蛇很恐怖。　　▼ 射阳海滨的巨蛇也有这么大吗？

[第四章]

鸟类王国秘闻

全世界9000多种鸟类共同组成了一个大家族。它们拥有流线型的身体、发达的双翅、轻柔的羽衣和中空的骨骼，可以在天空中自由飞翔。可你了解神秘的鸟类认亲"密码"吗？你知道鸟儿为什么要在早晨高声鸣唱吗？你能解释发情期的松鸡暂时耳聋的原因吗？……神秘的鸟类世界仍然有许多未解之谜困扰着人类。让我们一起去破解这些谜题吧！

鸟类会飞的秘密

鸟类为什么会飞？
鸟类最初是怎样飞起来的？

▲ 大多数鸟儿都能够展翅飞翔。

自古以来，人们就梦想着能像鸟儿一样在空中自由地翱翔。那么，鸟类为什么会飞呢？经过认真地剖析和研究鸟类的身体，人们发现，鸟类会飞其实是由很多因素共同决定的。

首先，鸟类有适合飞行的外形特点。鸟类的身体呈流线型，其头部小而前部尖，有利于减少飞行时空气的阻力。鸟类的体表覆盖着轻而顺滑的羽毛，这不仅能减少飞行的阻力，而且有很好的隔热和保温作用。尾羽在鸟类的飞行中起着舵的作用，具有变换飞行方向、控制平衡的功能。前缘厚、后缘薄的翅膀上分布着排列整齐的飞羽，鸟儿通过不断地扇动两翅，利用飞羽鼓动气流，把空气压向身体后下方，从而产生了升力。凭借这种升力，鸟类便可以翱翔于天际。

其次，鸟类有适合飞行的生理构造。鸟类的胸肌非常发达，如鸽子的胸肌占其体重的20%～25%。鸟依靠胸肌的收缩、舒张，带动翅膀上下扇动，产生超过其体重的动力，以支持其飞行。而且鸟类的骨骼中，无机盐含量较多，能使全

动物大揭秘

鸟类不同的飞行方式

不同的鸟，其飞行方式各不相同。有的鸟能向上滑翔，如海鸟；有的鸟能长时间不扇动翅膀而在空中翱翔，如大型猛禽；有的鸟则会悬停，如蜂鸟。

最不可思议的动物未解之谜

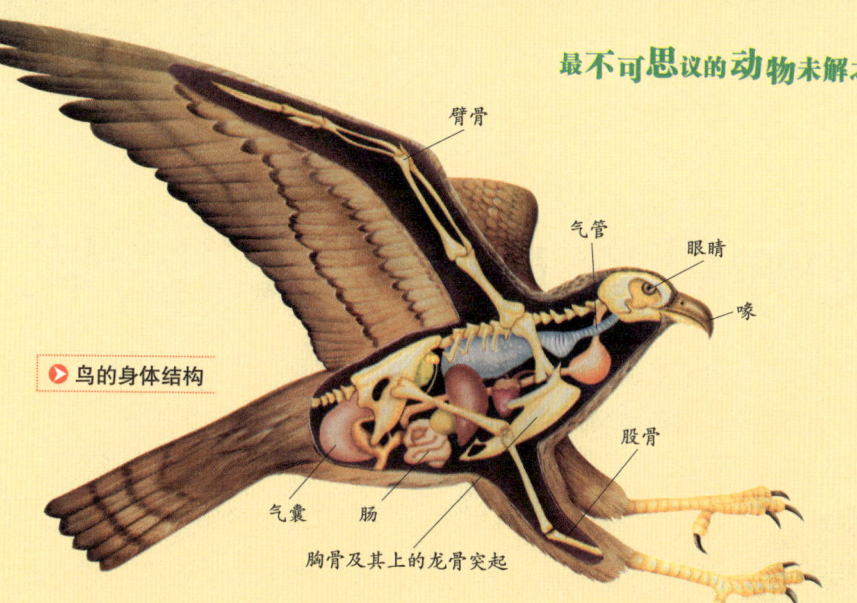

▶ 鸟的身体结构

身骨骼坚而轻，从而减轻体重。鸟类的气囊充满气体，能参与呼吸，可以增加体内的空气容量。鸟飞得越快，呼吸作用就越强，氧的供应也就越多。鸟身体结构上的这些特点可以使鸟类在激烈运动和高空飞行时，不会因缺氧而窒息。此外，鸟类血液中的红血球数目较多，可以携带大量的氧，这也使鸟在飞行时能满足新陈代谢之需。除此之外，也许还有其他因素使得鸟类能飞起来，这需要人们继续进行研究。

▲ 鸟儿扇动翅膀产生的升力可以助其飞翔。

那么，鸟类最初是怎样飞起来的呢？对此，学术界一直存在着两种对立的假说。一种是地栖起源说，另一种为树栖起源说。前者认为，鸟类的祖先在地上奔跑、跳跃的过程中逐渐升腾，慢慢练就了飞行的本领。而后者则认为，鸟类最初的飞行是其祖先借助树木的高度，先进行滑翔，后逐渐发展而成的。两种假说各有依据，目前还没有定论。

◀ 鸽子的胸肌非常发达。

破解鸟类的认亲"密码"

所有的鸟儿都是通过声音来认亲的吗?
鸟类为什么能听出声音中的细微差别?

▲ 很多鸟都是通过声音识别亲缘关系的。

燕鸥的巢筑在海滩上,巢与巢之间的距离很近。然而,在如此密集的地方居住,母燕鸥却能够根据叫声,准确识别自己的孩子,从不会搞错。

崖燕大群大群地聚在一起孵卵,几千只葫芦状的鸟巢密密麻麻地挤在峭壁上。但老崖燕是不会认错自己的子女的。对它们来说,雏燕的叫声就是它们的识别标志。试验证明,若向附近的空巢放送多种雏燕的叫声的录音,老崖燕每次都只向自己雏燕的叫声飞去。

由此看来,很多鸟都是通过声音来识别亲缘关系的。但鸟类识别亲缘关系还会不会有其他方式呢?

为了找出这个问题的答案,美国鸟类学家海斯和他的学生研究了雌野鸭的孵卵过程。他们把微型麦克风安放在野鸭巢的底部,然后跟录音机相连。他们发现,孵卵的雌鸭从开始孵卵的第27天起便发出"嘎嘎"的较微弱的低鸣声,每声只持续150毫秒。而被孵化的卵里边,此时也会发出"叽

最不可思议的**动物**未解之谜

◀ 崖燕通过叫声辨认雏燕。

叽"的叫声。起初,这种"嘎嘎"声和"叽叽"声很小,但是随着时间的推移,雌野鸭的鸣声越来越高,卵里的"叽叽"声也越来越高。随后,雏鸭就出壳了。在雏鸭出生后的1小时,雌野鸭和雏鸭的鸣声都增强了4倍。雏鸭出生后16小时,雌野鸭便离开野鸭巢,游向水中。这时,它发出急促的呼唤声,频率快达每分钟40~60次。雏鸭听见母亲的呼唤,纷纷出巢,跑向母亲。海斯和他的学生据此得出结论,在雏鸭出壳前的那一段过程中,对雌鸭和雏鸭双方而言,声音都起主要作用。而雏鸭出壳后,即使它们双方已经能通过视觉来进一步认识对方,但它们仍在不停地鸣叫,因此,声音仍起主要作用。

然而,对于同种鸟类的叫声,人类通常是很难听出其中的差异的,可鸟类却能轻易辨别出来。为了彻底弄清楚其中的奥秘,科学家们仍将对这种现象继续进行研究。

动物揭秘 Animal

杜鹃的骗亲行为

雌杜鹃产卵前要先寻找适当的鸟窝,然后趁主人不在时,偷偷把卵产在里面。有时,它们会先把卵产在地面上,再寻找机会把卵放到合适的鸟窝里。

◀ 燕鸥

奇妙的鸟类晨曲现象

鸟类的晨曲有哪些特征？
鸟儿在早晨歌唱是为了联络同伴吗？

每当黎明的时候，鸟儿们就会争相发出悦耳动听的鸣唱声。一般来说，首先是少数鸟儿稀落、杂乱地鸣唱，当越来越多的鸟儿集合在一起时，合唱声便直入云霄，构成美妙的鸟类晨曲。晨曲在渐渐停息之前的半小时达到高潮。

▲ 鸟儿惯于在清晨放声鸣唱。

另外，晨曲时各种鸟的鸣唱次序也相当规则。例如，在欧洲，欧鸲在苏醒后先激烈地鸣唱3分钟，接着，苍头燕雀开始鸣唱，它们可以一鼓作气地鸣唱12分钟，但不像欧鸲鸣唱得那么激烈。而且，在一般情况下，晴朗的早晨鸟鸣开始较早，多云或阴天则较迟，雨天最晚。

那么，鸟类晨曲的现象该如何解释呢？人们的意见多种多样。有人认为，鸟类晨曲是鸟儿休息了一夜之后，在黎明苏醒时进行的一种调整活动；也有人认为，鸟类晨曲是同种鸟在互相联络；有的人则说这是不同种的鸟类在彼此警告，这个地盘已被占据；也有人认为，鸟类晨曲与繁殖有关。

不过，这些都是人们的猜测，奇妙的鸟类晨曲现象还有待于鸟类学家们的进一步探索。

▲ 黄鹂的叫声婉转动听。

正在迁徙的候鸟

候鸟迁徙探奇

候鸟迁徙的原因是什么？
为什么候鸟在迁徙过程中不会迷航？

在鸟类王国里，有些鸟，例如燕子，到了春天就会由南方迁徙到北方，秋天时再迁回南方。我们把它们称为候鸟。

候鸟为什么会迁徙呢？有的人认为，候鸟的迁徙是为了寻找温暖的环境，得到充足的食物。当它们原来所在的地区气候变冷、食物减少时，候鸟为了生存便会飞往温暖而食物充足的地方。等原来那个地方的气候变暖、食物增多时，它们便重返故乡。但也有人认为候鸟迁徙是为了繁殖或避开天敌。

可是，无论路程多远，迁徙时的候鸟都不会迷路。有人提出了"视力定向说"来解释这种现象，认为候鸟通过观察并记忆周围的地形地貌来确定回飞路线。还有人提出"血液定向说"，认为鸟类血液中的重要成分铁原子在地球磁场的作用下，会使体内产生某种反应，鸟类据此测定航向。另外还有"热辐射定向说""太阳导向说""地磁定向说"等，真是五花八门。

看来，对于候鸟迁徙方面的问题，科学家们还得继续进行研究。

有些雨燕是具有迁徙习性的候鸟。

少年探索·发现系列

为何企鹅从不迷路

企鹅在莽莽冰原上靠什么辨别方向？
企鹅体内是否有用来定向的生物钟系统？

在常年冰雪覆盖的南极，居住着一群可爱的精灵，那就是南极主人——企鹅。企鹅经过顽强的生存竞争，逐渐适应了南极恶劣的环境，成为最能适应严寒水域生活的鸟类之一。它们全身披覆着鳞片状的羽毛，浓密而厚实。和鸵鸟一样，企鹅是一种不会飞的鸟类。不过，虽然不会飞，但它们却是鸟类中的游泳专家。它们游泳的速度特别快，可达10~15千米/小时。为了逃避大型猛兽的追杀，它们还会跃起2米多高，在冰面上滑行。

每当冬季到来的时候，企鹅便会出海捕鱼，到春回大地的时候，它们便经过几百千米的长途跋涉，重返故乡沿岸的群居繁殖地。令人不解的是，企鹅为什么总是定居在同一个地方？在广阔无边、没有任何标志的莽莽冰雪原野上，企鹅是如何辨认方向，顺利返回其定居地的呢？

为了研究这一现象，1959年，几位美国科

▼ 可爱的帝企鹅

最不可思议的动物未解之谜

◀ 企鹅是南极的主人。

学家在南极捕捉了5只企鹅，并在它们身上做了记号，然后用飞机将它们转移到距离其居住地1900千米的一个没有任何标志物的海峡，并从5个不同地点把它们放走。结果，这5只企鹅全部朝着同一个方向前行。10个月后，它们竟然全部顺利返回了自己的故乡。

另一位科学家则做了这样的试验：在满天星辰的夜晚，他将企鹅放走，结果，企鹅迷失了方向；但到了早晨6点钟时，他发现，企鹅会根据太阳的位置，准确判断出北方，并开始朝北方前行；12点过后，即使太阳的位置已经发生了变化，企鹅仍能正确地朝着北方前行。

这个试验表明，企鹅是以太阳的位置来判断方向的，与外界的标志物无关。但由于太阳的位置是在不断变化的，企鹅体内必须具备能够调整辨识太阳位置的生物钟系统，这样才能根据某一特定时刻的太阳位置判断方向。那么，企鹅体内果真有这种生物钟系统吗？如果有，这一体内生物钟系统到底是由什么控制的呢？人们对此还一无所知。

看来，要彻底弄明白企鹅不迷路的奥秘，还有大量工作等待科学家们去做啊！

动物大揭秘 Animal

慈爱的企鹅爸爸

在企鹅的王国里，妈妈负责产卵，爸爸负责孵化。孵蛋时，企鹅爸爸会把蛋放在自己的肚皮下面，弯着脖子，低着头，不吃不喝，一直到小企鹅破壳而出。

▶ 企鹅是一种不会飞的鸟。

少年探索·发现系列

信天翁拼死护家的奥秘

> 遇到入侵者,信天翁会有哪些举动?
> 在与入侵者的对抗中,信天翁群有统一的指挥者吗?

信天翁是一种大型海鸟。它们体形粗胖,嘴长而锐利,翅膀较发达,长而窄,翼展开可达1.5米。

1942年夏天,美国海军准备在太平洋的一个荒凉的小岛上建立情报基地。当一队美国士兵在夜幕的掩护下准备靠近这个荒岛时,岛上住着的数以万计的信天翁被惊动了。它们排成整齐的阵形,腾空而起,狂叫着冲向荒岛边缘,对这些不速之客用尖嘴啄、用利爪抓、用翅膀打,弄得这些士兵们手足无措,无法登陆。无奈之下,士兵们只好拿出武器与信天翁展开殊死搏斗,一只只信天翁惨叫着跌落到地上。第一群信天翁终于被击退了,士兵们正准备喘口气,没想到第二群信天翁又发起了新的攻势。又经过一番搏斗,信天翁才再次被击退。

动物揭秘 Animal

信天翁的恋海情节

信天翁是一种非常恋海的鸟,它们可以在海上漂泊几个星期,甚至几个月。它们在海洋表面栖息,捕食海洋生物,如鱼、乌贼、磷虾等。

> 为了护卫自己的家园，信天翁不惜牺牲生命。

第二天，美军士兵们准备再次向小岛登陆，结果，众多信天翁朝他们飞来，向他们发起了第三次进攻。这次，它们除了用尖嘴啄、用利爪抓、用翅膀打，还用又黏又臭的鸟粪作为武器。美军无奈，只好派出轰炸机对岛上的信天翁进行轰炸。一会儿工夫，岛上便堆满了信天翁的尸体。当美军士兵登上小岛的时候，附近一些岛上的信天翁又纷纷飞来，对美军发起了第四次进攻。

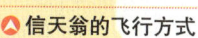

信天翁的飞行方式

这次，美军只好投放毒气。在大部分信天翁被毒死之后，美军用推土机将堆积如山的信天翁尸体推下大海，才占领了这个小岛。他们连夜在岛上抢修了一条简易的公路和飞机跑道。没想到，附近的信天翁并没有就此罢休，它们再次飞到小岛上来找美军的麻烦，甚至舍命撞机，以撞坏飞机的螺旋桨或发动机，使飞机坠毁。在美军撤离该岛之前的日子里，这场罕见的人鸟大战从未停止过。

信天翁视死如归保卫家园的举动引起了科学家们极大的兴趣。但是，即使已经进行了长时间的观察和研究，科学家们还是不明白信天翁拼死护卫家园的原因，也不知道为什么这么多信天翁在战斗中能如此齐心协力地对抗入侵者，因此，科学家们仍在对此继续进行研究。

> 信天翁体形粗胖，是一种大型海鸟。

鸟儿为何青睐西沙东岛

为什么西沙东岛上栖息着众多海鸟？
为什么西沙东岛上的海鸟种类十分单一？

在中国南海的西沙群岛中，有一座面积不到1平方千米的小岛，名叫东岛。它由珊瑚礁堆积而成，上面树丛茂密，葱翠欲滴。优越的自然环境吸引了众多的海鸟前来栖息。据估计，东岛上大约栖息着6万只海鸟。每天早上晨曦微露的时候，众多海鸟便叽叽喳喳地叫个不停，在巢边跳来跳去，为展翅长空做着准备。待到日落时分，海面上夕阳如血，这时海鸟便三五成群地从四面八方飞回海岛。霎时间，所有的树上都停满了飞回的海鸟，整个岛屿顿时变成了鸟的王国，于是，人们形象地把东岛称为"鸟岛"。

东岛是西沙群岛中唯一一座海鸟众多的岛屿。西沙群岛中的其他岛屿上虽然也有海鸟，但其

西沙东岛是鸟儿的乐园。

美丽的西沙东岛

▲ 东岛鸟群，漫山遍野。

数量与东岛相比就差得远了。人们不禁要问，同样属于西沙群岛，自然环境十分相似，为什么唯独东岛能吸引如此众多的海鸟来此栖息呢？目前，这种现象尚没有得到合理的解释。

另外，东岛上海鸟的数量虽多，但种类却十分单一，绝大多数是鲣鸟，而其他岛屿上的海鸟数量虽少，但种类却较多。这又是为什么呢？对此，人们更是无法解释。

西沙诸岛表面几乎都有一层厚厚的鸟粪，专家们由此推断，这些岛屿上过去一定都曾有过一段百鸟云集的日子。科学家们在对鸟粪层的年龄进行测定之后，发现它们大多已有4000～5000年的历史，因此，西沙群岛上百鸟云集的时间应该发生在4000～5000年前。可是，为什么如今其他岛屿不再有百鸟云集的情况，而唯独东岛例外呢？尽管科学家们对此进行了多方面的调查和研究，却始终没有找到答案。看来，这个问题只能留待科学家以后去探索解决了。

▽ 鲣鸟的食物

动物揭秘 Animal

渔民的"导航鸟"——鲣鸟

鲣鸟是西沙东岛上数量最多的鸟类。当渔民们在茫茫的大海中迷失方向时，可跟随飞翔的鲣鸟安全地返回海岛。因此，渔民们亲切地称鲣鸟为"导航鸟"。

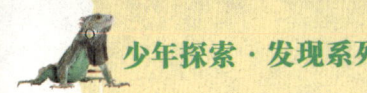
少年探索·发现系列

大雁难越落雁山的奥秘

大雁在迁飞途中会一帆风顺吗?
"磁力异常说"和"涡流说"孰是孰非?

大雁是出色的"空中旅行家"。每当秋冬季节,它们就从西伯利亚一带成群结队地飞到我国的南方过冬。第二年春天,它们又会经过长途旅行,回到西伯利亚产蛋、繁殖。

△ 大雁正排着整齐的队伍迁飞。

在南来北往的旅途中,大雁不知飞过了多少崇山峻岭。但是,大雁一旦飞到落雁山,却无一例外地会在天空盘旋良久,尔后坠地身亡。落雁山只是一座不起眼的小山,位于中国滇西、藏东的重重大山之中。正因雁群难以飞越而得名。

对于大雁难以飞越落雁山的原因,长期以来,科学界一直存在两种说法:一种是"磁力异常说",认为可能是由于地下的磁铁矿石的作用导致大雁坠落。落雁山中有磁铁矿,由此而产生的磁场干扰不但可使飞机或轮船的仪器失灵,同样也能使靠地磁力导航的大雁陷入绝境。另一种是"涡流说",认为可能是空气涡流造成大雁坠落的。群山环抱的落雁山,其高空的风向在不同高度的旋转方向也不同,交接处会形成一个强有力的涡流,闯入其中的大雁敌不住气流的冲击,便会坠地而亡。

这两种说法孰是孰非,抑或还有其他解释?这还有待于进一步探索。

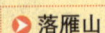
▷ 落雁山

会暂时耳聋的松鸡

雄松鸡何时会耳聋？
雄松鸡的耳聋是什么原因导致的？

松鸡又叫林鸡。雄松鸡在发情期会长出漂亮的婚羽，黑腹灰颈，褐色翅膀上夹杂着少许白色的羽毛，格外漂亮。

松鸡的耳朵在平常的时候非常敏感，但在交配期间，雄性松鸡却会莫名其妙地丧失听力，甚至连自己的叫声都听不到。

▲ 黑嘴松鸡

为了弄清楚这到底是怎么回事，苏联一位著名的鸟类学家曾经解剖了许多处在发情期的雄松鸡。他发现，几乎每只雄松鸡的耳道里都充满了腺体分泌物和布满血管的褶皱。因此他认为，雄松鸡耳聋是因为这些东西堵塞了耳道造成的。

也有人持不同意见。美国一位生物物理学家也研究了雄松鸡耳聋的现象，他认为雄松鸡耳聋是因为它唱歌唱得太响，产生了明显的共振现象，从而使鼓膜受到了强烈的震动所致。

▲ 普通松鸡

苏联另一位科学家乌赫托姆斯基却认为，雄松鸡唱歌的时候，神经中枢处于高度兴奋状态，而神经系统的其他部分则处于抑制状态，因此，雄松鸡就听不见声音了。这是一种"自我昏迷"现象。

看来，对于松鸡耳聋现象的原因，将继续讨论下去了。

少年探索·发现系列

鹦鹉"学舌"的秘密

鹦鹉能听懂人类所说的话吗？
鹦鹉能用人类语言来表达自己的意愿吗？

据记载，唐代时，长安富豪杨崇义被人谋害，死于家中。办案官员侦查现场时，笼中的一只鹦鹉不停地念叨一个姓李之人的名字。办案官员把此人找来进行盘问，凶手果然是他。

1980年的一天，英国的一只鹦鹉在树林中迷了路。一位农民发现了它。由于这只鹦鹉一直反复念叨一个六位数字，农民便试着按这个数字拨通了电话，果然找到了其主人。

1984年3月，美国得克萨斯州一户人家遭窃贼盗窃。警察来现场取证时，笼中的一只鹦鹉不断地重复："到这儿来，罗伯特。到这儿来，罗尼。"警察根据从现场取得的指纹，再加上这两个名字，很快就破了案。结果，两名盗贼一个叫罗伯特，一个叫罗尼。

类似的趣事还有很多。因此人们认为，鹦鹉不仅能听懂人类所说的话，而且能用语言来表达自己的愿望。但是，大多数科学家却不这么认为。他们的理由是，鹦鹉没有发达的大脑，不可能懂得人类语言的含义，更不可能运用这些语言。鹦鹉"学舌"其实只是

▲ 鹦鹉会学人说话。

◀ 鹦鹉"学舌"给人们带来了不少乐趣。

一种简单的模仿行为。

然而，美国女心理学家艾伦则表示，以往的研究者为了使鹦鹉"学习"，都习惯于用食物作为奖励。鹦鹉仅仅为了获得食物而学舌，形成了单纯从声音上模仿的条件反射。因此，这样的试验反映出来的结果没有多大价值。

艾伦设计了一种新的教学法，通过人物对话以及实物显示来教鹦鹉学单词，帮助它理解词的含义，避免它做简单的声音模仿。一年之后，她所教的鹦鹉认识了许多物品，无论怎样改变物品的形状，它都能认出来；认识某种颜色后，它会说出从未见过的某种物品的颜色；学了一些词汇后，便能够把这些词组合起来，用来描述从未见过的东西。

从艾伦的试验来看，鹦鹉"学舌"似乎又不是一种简单的模仿行为。看来，要彻底弄明白鹦鹉"学舌"的秘密，科学家们还需进行进一步研究。

◀ 红绿金刚鹦鹉

动物大揭秘

聪明的灰鹦鹉

灰鹦鹉是鹦鹉中尤其聪明的一类。它们有高超的模仿力，不仅能模仿其他鸟类的声音，还能模仿电话铃声、狗叫声，连主人也分辨不出真假。

沼泽山雀惊人的记忆力

沼泽山雀都能记住什么？
沼泽山雀的记忆基础是什么？

动物和人类一样，也有记忆力。动物学家认为，许多动物的记忆都是建立在一定的记忆基础之上的，关键是我们能否找到这个基础。例如，老鼠能通过片断式的记忆走出迷宫；海龟依靠气味、蟹群依靠行星与地磁的位置，能准确无误地按照固定的路线去产卵。

然而，沼泽山雀的记忆基础是什么，这个问题还困扰着科学家们。

沼泽山雀通常身长11.5厘米，头顶黑色，背羽偏褐色，多见于温带的欧洲及东亚，尤其常见于我国东北部、华东、华中及西南等地。它们一般单独或成对地活动于平原、丘陵、山地和林区。它们是消灭林间害虫的能手。

△ 大山雀是山雀科中体形较大的一种。

动物揭秘 Animal

大山雀

大山雀是山雀中体形较大的品种，分布很广，而且颜色各异，但通常都有黑色的头部，以及带有黑色条纹的鲜黄色腹部。大山雀在洞中筑巢，通常每年孵化两次。

在研究沼泽山雀记忆力的问题上，科学家们曾做了一系列的试验：在一座大房子里放置了12根树枝，每根树枝上都钻了一些大小正好容纳一颗大麻籽的小洞，总数为100个，并在每个洞上都塞上一块小布团。沼泽山雀为了从洞中取走大麻籽，或是在洞中贮藏大麻籽，都必须首先将塞着的布团拿掉。科学家们在房间地板中央放了一只碗，里面放着数量足够的大麻籽，然后让一只沼泽山雀叼了12颗大麻籽贮藏到这些小洞中。由于洞大小不等，而且只能容纳一颗大麻籽，所以沼泽山雀必须将不同的大麻籽藏在不同的洞中。等它把大麻籽藏好后，科学家们又把它关到房外，过了两个半小时才把它放进来，让它寻找贮藏着的大麻籽。假设沼泽山雀没有记忆力，那么，它在寻找贮藏着的大麻籽时将会是很盲目的。但事实上，沼泽山雀寻找大麻籽的速度非常快。这就说明，沼泽山雀有记忆力，它确实记住了哪些洞中藏着大麻籽，哪些洞中没有。

那么，沼泽山雀究竟是靠什么进行记忆的呢？难道也是靠气味，或是行星与地磁的位置？这似乎不可能。它的记忆基础是什么？这个问题还有待于进一步探索。

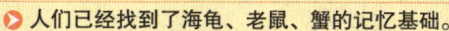

▶ 人们已经找到了海龟、老鼠、蟹的记忆基础。

探索秃鹫的奥秘

为什么秃鹫的头颈部没有羽毛?
为什么秃鹫在争抢食物时,体色会变化?

秃鹫是一种大型猛禽,广泛分布于温带和热带地区。它们小小的圆头上有一双大眼睛,利嘴像一个大铁钩,让人望而生畏。大多数秃鹫食性较广,常常以腐肉、垃圾和排泄物为食,很少吃活的动物,这也使秃鹫获得了"清道夫"的别名。

值得一提的是,秃鹫的头部和颈部非常奇特,头顶和脖子的上部没有羽毛,光秃秃的,而脖子下面却羽毛丛生。科学家们分析,因为秃鹫主要以动物的尸体为食,如果头顶和脖子上长着浓密的羽毛,那么它在进食的过程中就难免会沾染上很多细菌,而裸露的头部和颈部则有利于其身体健康。另外,秃鹫裸露的头颈也便于消毒。秃鹫会经常把裸露的颈部在炙热的阳光下暴晒,这也可以起到很好的杀菌效果。

秃鹫是一种非常聪明的猛禽,这一点在它们捕食进食的过程中表现得尤为明显。例

◎ 秃鹫正在晒太阳。

▷ 分食动物尸体的秃鹫

最不可思议的动物未解之谜

▶ 秃鹫主要吃动物的尸体。

如，埃及秃鹫很爱吃鸵鸟蛋。可是，有些鸵鸟蛋的蛋壳很坚固，很难啄开。聪明的埃及秃鹫便发明了"高空砸蛋法"。它们会用爪子抓住一块重300克左右的石头，飞到80~100米的高空，将石头对准鸵鸟蛋扔下去，用石头将蛋打破。而且它们掌握的高度也是恰到好处。如果飞得太高，蛋就会被砸得一塌糊涂，而飞得太低，蛋又打不破。再比如，有时候由于秃鹫飞得很高，不能及时发现地面上较小的动物尸体。这时，它们懂得利用豺、鬣狗等稍大些的动物帮助寻找动物的尸体。如果发现豺和鬣狗正在撕食尸体，秃鹫就会迅速降落，加入抢夺猎物的行列。

秃鹫在争食时，身体的颜色会发生一些变化。平时它们的面部呈暗褐色，脖子呈铅蓝色。而在争抢动物尸体的时候，它的面部和脖子却会变成鲜红色。如果争抢成功，这种鲜红色会变得更红；如果争抢失败，这种鲜红色马上就会变成白色。这是怎么回事呢？科学家们还没有找到答案。

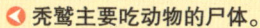

"座山雕"——黑秃鹫

黑秃鹫全身几乎都是乌褐色的，长相令人望而生畏，被人们称为"座山雕"。黑秃鹫平时喜欢单独飞行，在旷野上空搜寻地面上的人或动物的尸体。

少年探索·发现系列

离奇的巨型怪鸟杀人事件

巨型怪鸟是一种存活至今的古代生物吗？
巨型怪鸟吃人吗？

1965年，驻守在马达加斯加岛上的空军发现了一只巨型怪鸟。据说，当时一位叫米德的空军少尉正操纵着飞机，突然发现飞机的左边有一个与飞机几乎相同大小的飞行物体。当距离飞行物体越来越近的时候，米德少尉不禁吓了一跳，他见到了一只巨型怪鸟！这只怪鸟全身血红，嘴扁平而且很长，颈部以及背部有一层厚厚的肉鳍，尾部则高高翘起。

当米德少尉从惊恐状态中缓过神来的时候，巨型怪鸟已经靠近了飞机的边缘。米德少尉急忙操纵飞机躲避怪鸟，但这只怪鸟却拍拍翅膀追了过来，似乎对这架飞机很感兴趣。它飞行时非常灵活，而且速度非常快。最终，高速飞行的飞机与高速飞行的怪鸟相撞了。飞机顿时支离破碎，坠入大海，怪鸟则惨叫一声，摇摇晃晃地沿海平面飞了一会儿，便又继续保持水平飞行了。由于米德少尉及时打开了逃生装置，因此得以顺利脱险。

▲ 据说，巨型怪鸟全身呈血红色。

◀ 据说，巨型怪鸟有着细长而扁平的喙。

▲ 马达加斯加岛

据说，就在此事发生之前的几个星期，还发生过一起巨鸟伤人事件。马达加斯加岛附近的渔民得尼和艾迪两个人在驾船出海捕鱼的时候，也遇到了一只巨型怪鸟。当时，得尼和艾迪载着收获物，正准备返航。突然，从远处天空中传来一阵长啸声，一只全身血红色的怪鸟飞速向两人冲了过来。这只怪鸟的飞行速度非常快，转眼间便接近了小船。它微微向下斜探，用利爪轻轻一抓，便将得尼抓走了。几天以后，得尼的尸体出现在海面上，内脏已被淘空。

科学家们纷纷赶到马达加斯加岛进行调查。他们通过所收集到的血红色的羽毛，推断这种怪鸟可能是一种存活至今的古代生物。那么，究竟是哪种古代生物呢？它是如何生活到现在的？它吃人吗？得尼被淘空的内脏是被它吃掉了吗？为什么在与米德少尉相遇的那次事件中，它没有将坠机的米德少尉叼走吃掉呢？这一连串的疑问直到现在还困扰着科学家们，他们将继续进行调查，以了解这种神秘的巨型怪鸟究竟是什么动物。

动物揭秘 Animal

世界上最大的鸟

目前人类所知最大的鸟是鸵鸟，它们的平均身高约2.5米，栖息在空旷的原野上和沙漠中。鸵鸟只会奔跑不会飞，它们的奔跑速度相当快，最高可达70千米/小时。

搜捕"纵火犯"——火鸟

究竟有没有火鸟存在?
火鸟是不是某种古代生物?

据记载,公元前106年,在罗马上空曾出现过"火红的巨鸦",它们的嘴里叼着烧得红彤彤的火炭,火炭往下一掉,立刻火灾四起。

火鸟的羽毛呈鲜红色。

这段记载看起来有点玄妙,很多人对其真实性产生了怀疑。然而,20世纪80年代中期,波多黎各首都圣胡安及其邻近的一些小城曾连续燃起原因不明的熊熊大火,死伤无数。事后,一些幸存者都说,那些大火好像是从天而降,在火灾发生之前,他们都看见过城市上空有一些光耀夺目的火鸟。

人们纷纷对火鸟的身份进行猜测。有人认为,它可能是我们人类还不太熟悉的某种古代生物。也有一些保守者认为根本没有什么火鸟,那只不过是人们的幻觉而已。看来,这个谜还有待于科学家们继续调查研究才能破解。

古书中记载的火鸟会不会是火烈鸟呢?

[第五章]

哺乳动物疑团

哺乳动物是最高等的脊椎动物,也是与人类关系最密切的一个类群。哺乳动物除了遍布世界各大陆之外,在空中和海洋中也可见其踪迹。在这个庞大的群体中,神奇或怪异的现象更是数不胜数。比如,兔子为什么懂得控制种群的数量?大象为何死不见尸?狗真有"第六感"吗?……虽然目前这些问题还没有定论,但终有一天,人类会将它们一一破解。

少年探索·发现系列

哺乳动物自我疗伤的本领

哺乳动物自我疗伤的本领有哪些？
哺乳动物是怎样找到适合自己病症的神奇疗法的？

很多哺乳动物都有一套"自诊自疗"的医病妙法。

如果你发现狗獾有气无力地躺在地上，任凭许多蚂蚁在其身上撕咬，请不要担心，那是狗獾在利用蚂蚁撕咬时分泌的蚁酸治疗风湿病或消灭寄生虫。

热带丛林中有一种猩猩，当它们感到不舒服、周身打冷颤时，会去嚼金鸡纳树的树皮，很快，它们的病就痊愈了。原来，这种树皮中含有奎宁，是治疗疟疾的良药。

春天，北美洲的大黑熊从冬眠中苏醒过来时，会去找一些具有轻微致泄作用的果实吃，这样，长期堵在直肠里的硬粪块就可以被排泄出去，黑熊就会感到很舒服。

身上长了皮肤癣的野牛会长途跋涉，来到湖边，在泥浆里泡上一阵，然后爬上岸，把泥浆晾干。这样反复洗几次"泥浆浴"，野牛身上的皮肤癣就会治好了。

豹子的肢体发生骨折后，会

▲ 大象会用含碱的沙子给自己的伤口消毒。

动物大揭秘 Animal

猴子互相驱除寄生虫

猴子身上长有浓密的毛发，很容易藏有寄生虫。当身上有了寄生虫时，它们会互相为同伴搔痒、梳理毛发，从而为同伴驱除寄生虫。

患风湿病的狗獾会用蚂蚁分泌的蚁酸进行自我医治。

自我止血。1961年,日本一家动物园里的一头小雄豹的一条腿骨折了。兽医给它做了骨折部位的复位手术,打了石膏,缠上绷带。没想到,小豹自己把石膏绷带咬掉了。然后它又用舌头舔自己流血的伤口,一会儿血就凝固了。

如果黑熊被对手抓破了肚子,漏出了内脏,它会把内脏塞回肚子里,然后找个安静的角落躲起来静心"疗养",几天后,伤口便会愈合。

野兔患了肠炎后,会去找马莲草吃,肠炎很快就好了。如果受伤流血,它还会用蜘蛛网上的黏丝止血呢!海豹受伤后会寻找有愈合功能的海藻来吃,使自己康复。受伤的大象会找含碱的沙子给自己的伤口消毒。

哺乳动物自我疗伤的本领,引起了科学家极大的兴趣。他们将进行深入研究,以破解哺乳动物自我疗伤的种种奥秘。

猩猩懂得采集一种植物的叶子用以治疗腹泻。

少年探索·发现系列

探索哺乳动物的复仇心理

哺乳动物怎样实施报复行为？
哺乳动物为什么会有报复行为？

我们都知道，人类有复仇心理，但很多事实表明，除了人类外，很多哺乳动物也有复仇心理。

在我国四川省的峨眉山，生活着一群野生猴子，谁要是伤害了它们，它们就会记在心里，找机会报复。有一天，一个小伙子在逗猴子玩时，被猴子抓破了手，他恼羞成怒，用一根拐杖把猴子打得"吱吱"乱叫，猴子拖着受伤的腿逃进了树林。第二年，小伙子旧地重游时，他的腿肚子突然间不知被什么东西狠狠地咬了一下。他转身一看，一只跛着腿的猴子正一瘸一拐地往树林里跑呢。原来，这只猴子就是去年被他打伤的，这次是来报复他的。

▲ 峨嵋山的野生猴子

◀ 愤怒的大象

无独有偶，西双版纳的一个寨子曾遭到母象的复仇。有一天，一头母象带着一头小象到寨子边的河里洗澡，结果被寨子里的几个猎人发现了。猎人们端起猎枪就打。可怜的小象刚爬上河岸，就被打死了。母象狂怒起来，吼叫着跑上岸来，用鼻子抚摸着小象的伤口，悲愤极了。它一会儿又跑又跳，高声咆哮；一会儿又用鼻子把小树拱倒，直到精疲力竭时才依依不舍地离开小象，一步一回头地向密林深处走去。两天以后，这头母象带着十几头大象狂奔而来。寨子里的青壮年此时都到山上干活去了，留在家里的老人和孩子只好四处逃命，最后，象群一股脑地把寨子里的竹楼拱了个底儿朝天，然后大摇大摆地走进森林。

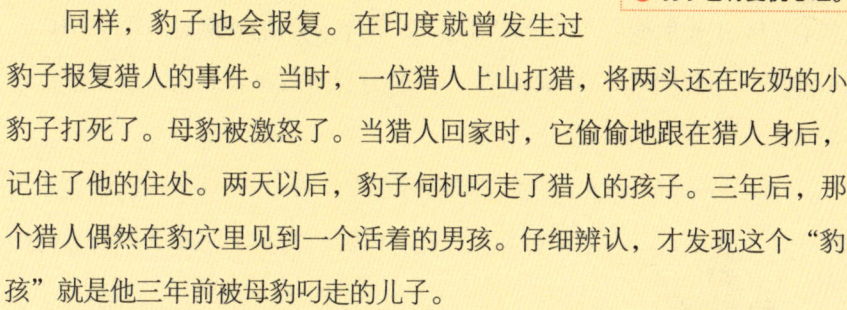
◎ 豹子也有复仇心理。

同样，豹子也会报复。在印度就曾发生过豹子报复猎人的事件。当时，一位猎人上山打猎，将两头还在吃奶的小豹子打死了。母豹被激怒了。当猎人回家时，它偷偷地跟在猎人身后，记住了他的住处。两天以后，豹子伺机叼走了猎人的孩子。三年后，那个猎人偶然在豹穴里见到一个活着的男孩。仔细辨认，才发现这个"豹孩"就是他三年前被母豹叼走的儿子。

哺乳动物为什么会产生复仇心理呢？我们该如何解释它们的种种报复行为呢？对此，人类至今还没有一个圆满的解释。

◎ 受到伤害的大象会伺机进行报复。

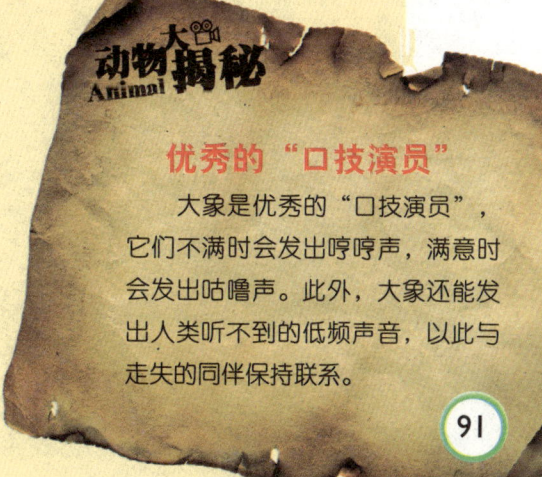

优秀的"口技演员"

大象是优秀的"口技演员"，它们不满时会发出哼哼声，满意时会发出咕噜声。此外，大象还能发出人类听不到的低频声音，以此与走失的同伴保持联系。

少年探索·发现系列

奇怪的刺猬"自涂"行为

刺猬为什么要"自涂"？
刺猬"自涂"与其性活动有关吗？

刺猬形态可爱，它们个头较小，头顶和背上长着6000多根短而坚硬的刺，这些硬刺能依靠肌肉的收缩像钢针一样直竖起来，把刺猬全身包裹得严严实实的，使它们看起来活像一个个小"刺球"。刺猬满身的硬刺是它们保护自己的武器。当刺猬遇到危险时，它们就把身体缩成一团，全身的刺都直立起来，让敌人无处下口。

1955年10月29日，英国《伦敦新闻》刊出了一系列关于刺猬的照片。照片中，一只刺猬伸出舌头在舔某种具有强烈

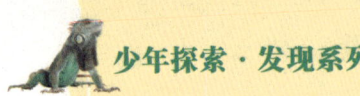

△ 刺猬

▽ 刺猬的"自涂"行为没有规律可寻。

气味的物体,而且坚持在一点上反复舔。当口中积累起有大量泡沫的唾液后,它便把头转向体侧,把口中的唾沫涂擦在背部的棘刺上。据称,刺猬的这种"自涂"行为持续时间至少达20分钟,甚至更长。刺猬直至把自己涂成一个令人讨厌的唾沫团才停止。

后来,科学家们又经过进一步观察,发现刺猬的这种"自涂"行为不仅在年幼的和人工饲养的刺猬中较为常见,甚至野生的成年刺猬背部的棘刺也经常有唾沫遗留的痕迹。

刺猬为什么要"自涂"?科学家们迫切想找到这个问题的答案。但是刺猬的"自涂"行为没有规律性,这为科学家们的进一步研究带来了莫大的困难。不过,人们仍然尝试对刺猬的"自涂"行为进行解释。有人认为"自涂"是刺猬的自我修饰行为,跟人类的涂脂抹粉是一个道理;有人认为这是刺猬为除去皮肤上的寄生虫而采取的方法;有人认为这是刺猬在掩盖自己的自然气味,以防止敌害发现;有人则根据野生刺猬"自涂"行为人多发生在繁殖季节里的情况,认为这与刺猬的性活动有关。

刺猬"自涂"的真正目的何在?我们期待科学家们给出合理的解释。

刺猬的狡猾敌手

满身硬刺的刺猬遇到狐狸便束手无策了,因为狐狸能把嘴插进刺猬的肚子里,并把它扔向天空。当刺猬摔下来时,就失去了自卫能力。

▼ 刺猬经常用唾沫把自己涂成一个唾沫团。

少年探索·发现系列

走近嗜血成性的蝙蝠

蝙蝠怎么会有吸血的食性呢？
吸血蝙蝠的吸血本领为何如此高超？

▲ 吸食牲畜血液的吸血蝙蝠

世界上有许多关于吸血鬼的传说。然而，生活在美洲热带地区的吸血蝙蝠则使这些关于吸血鬼的传说变得更令人恐怖，更接近于真实。在当地有这样一种迷信的说法，认为这些吸血蝙蝠都是无恶不作的巫婆，夜间躲在僻静的角落，一有机会就飞到人和动物身上吸血。因此，当地居民都惊恐地称它们为"吸血鬼"。

吸血蝙蝠鼻叶上有个热感器，可以探测到动物皮肤的毛细血管最丰富的地方；长而尖锐的门齿可以在动物的皮肤上咬开一个口，而动物却毫无疼痛感；从它口中分泌的抗凝素可以防止吸食的血液发生凝固；槽状舌有助于将吸食的血液迅速流向口腔内；独特的胃和肾则能迅速除去血浆。

吸血蝙蝠通常是在天黑之后开始活动。它们降落于牛、马等动物附近，然后爬到动物的肩部或颈部，用尖锐的牙齿咬开动物厚厚的皮肤，

▶ 食果蝙蝠

最不可思议的动物未解之谜

▲ 吸血蝙蝠白天休息，天黑之后开始活动。

用舌头舔食流出来的血液。它们每次吸血的时间大约为10分钟，最长达40分钟。每次吸血，它们都会吸到肚子胀鼓鼓为止。通常，它们一次大约可以吸血50克，有时甚至可以吸血200克，相当于自身体重的2倍。有人曾经估计，一只吸血蝙蝠一生所吸的血多达100升。

蝙蝠怎么会有吸血的食性呢？吸血蝙蝠的吸血本领为何如此高超？由于吸血蝙蝠长着锋利的牙齿，所以一些动物学家认为它们的祖先是一种吃水果的蝙蝠，这种蝙蝠的门齿可以咬穿坚硬的果皮。但是有的学者反对这种说法，因为欧洲果蝠也是专吃水果的，它们怎么就没有进化成吸血蝙蝠呢？有的生物学家认为，吸血蝙蝠的祖先原来是专门吃虱子的。因为虱子靠吸血为生，所以专吃虱子的蝙蝠就进化成了吸血蝙蝠。可吸血蝙蝠经常夜里活动，它们的祖先在夜里活动时是很难找到虱子的啊。

如此看来，关于吸血蝙蝠的这些谜团，还有待于动物学家们进一步探讨。

有益于人类的蝙蝠

虽然吸血蝙蝠会危害人类，但大多数蝙蝠都是对人类有益的，如食蜜蝙蝠可以传授花粉，加快生态植被的恢复；食虫蝙蝠能消灭害虫，大大减轻了林区的病虫害。

老鼠为何要"杀子"

老鼠疼爱自己的亲骨肉吗?
老鼠的"杀子"行为与什么因素有关?

科学家们在对老鼠进行长期的观察之后,发现一些雄性老鼠经常残忍地把刚刚生下的幼鼠咬死。起初,他们以为是雄性老鼠身上的雄性荷尔蒙在作怪。但是,后来的试验却发现,当其体内的雌性激素被去掉后,它们很快便停止了"杀子"行为。于是,专家们又得出结论,认为雄性老鼠"杀子"是其体内的雌性激素在作怪。那么,这些雌性激素为什么会使雄性老鼠做出这样的举动呢?没有人能给出合理的解释。

有人认为,老鼠"杀子"行为与雄性激素或雌性激素无关,而提出了"空间竞争"的假说。他们认为,雄性老鼠"杀子"行为往往是在空间狭窄的情况下发生的,所以,极有可能是它们为了扩大生存空间而为之。可是,雄性老鼠为什么非要将杀害的目标锁定在自己的孩子身上呢?

▼ 有人认为老鼠"杀子"是为了扩大生存空间。

还有学者提出了"生殖优性"假说,认为老鼠"杀子"是为了孕育培养出更加强健的后代……

老鼠"杀子"行为的真正原因是什么呢?这还需要科学家继续进行研究。

负鼠装死的奥秘

负鼠装死时，为什么大脑活动更活跃？
负鼠装死时体温为什么能急剧下降？

▶ 负鼠

负鼠是一种比较原始的哺乳动物，在遇到危险的时候，负鼠最惯用而且也是最有效的伎俩就是装死。它们装死的时候，脸色突然变淡，嘴巴张开，舌头伸出，眼睛紧闭，长尾巴一直卷在上下颌中间，肚皮鼓鼓的，呼吸和心跳终止，身体不停地剧烈抖动，体温下降，表情十分痛苦。有时，它们还会从肛门旁边的臭腺排出一种具有恶臭的黄色液体，使敌人认为它已经腐烂了。

有人认为负鼠并非在装死，而是真的被敌害吓得休克了，但科学家用仪器对装死的负鼠进行测试后，发现它们的大脑细胞一刻也没有停止活动，甚至比平时更为活跃。这说明它们的确是在装死。

经过研究，科学家们发现负鼠在遇到敌害时，体内会迅速分泌出一种麻痹物质，从而躺倒在地，失去知觉。但为什么负鼠麻痹了自己，大脑活动反而更活跃呢？科学家们将继续进行探索。

少年探索·发现系列

旅鼠因何集体投海自杀

> 旅鼠为什么要大规模迁移?
> 遇到河沟时,旅鼠为什么不停止脚步?

在北欧的挪威、瑞典等地,生活着一种奇特的鼠类,人们把它们称为"旅鼠"。它们每隔三四年,就会留下几个同伴,其余的数十万乃至数百万成员则成群结队地进行大规模的迁移。迁移时,即使遇到河沟,它们也不回头,大批的旅鼠因此被淹死。

其实,早在1886年春天,人们就开始注意到旅鼠的这种怪异行为了。当时,一艘游船正好驶到挪威海岸附近,船上的旅客们都看到,无数旅鼠正接二连三地从岸上跳入大海。后来人们发现,这一带海面上漂浮着大量的旅鼠的尸体。

▽ 旅鼠是仓鼠的一种。

旅鼠为什么要集体投海自杀?一百多年来,许多学者都致力于这一奇特现象的研究,但是直到今天,人们都没有破解这个谜。

有人猜想,可能是因为旅鼠繁殖过多,每只旅鼠得不到足够的食物和生存空间,所以一部分旅鼠只能迁往他乡。再加上数万年前,挪威等地附近的海域都比现在

▲ 旅鼠的繁殖能力很强。

窄得多，旅鼠便能顺利游到彼岸。日久天长，挪威旅鼠便形成了集体大迁移的本能，并且代代相传。然而，随着时间的推移，当地的海域越来越宽，旅鼠已经无法顺利游到彼岸了，于是便出现了大批旅鼠"投海而死"的现象。

但是，有人曾注意到，某些旅鼠也会向北边的巴伦支海和北冰洋方向迁移。如果前面的猜想成立的话，说明巴伦支海和北冰洋的彼岸在许多年前也曾有过陆地。但是事实并不是这样的。

还有一些学者认为，旅鼠的这种行为与屡有发生的鲸类自杀事件很像，可能与一种纯生物学机制有关。但究竟是什么样的纯生物学机制，目前尚不明了。

看来，要破解这一谜团，还得假以时日。

动物揭秘 Animal

生活在北极的旅鼠

旅鼠常年生活在北极，体形椭圆，四肢短小，尾巴粗短。旅鼠的个子很小，最大只能长到15厘米，比老鼠还小一些。

▼ 众多旅鼠义无反顾地奔向大海。

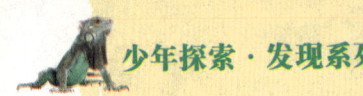

兔子王国的"计划生育"

兔子为什么懂得控制种群的数量？
为什么最低等的雌兔怀孕后无法形成胎儿？

进入20世纪之后，人类才意识到控制人口数量的重要性，并开始对此进行自觉控制。而兔子却似乎很早就懂得了控制种群数量的重要性及自我控制种群过度繁殖的办法。

◢ 兔群通过优胜劣汰来控制种群的发展。

兔子的繁殖能力非常强，雌兔长到8个月大就可以生小兔了。每年3月初至8月底是它们的生育期。它们的平均怀孕周期约为30天，6个月中能怀胎6次，一胎可产5~8只小兔。如果以一胎产5只小兔来算，每只雌兔每年约可生60只小兔。如果有36只雌兔，那么一年后就会繁殖小兔约2160只，三年后就可增加到8万多只，五年后则可达到4800多万只。照这样算的话，用不了多久，我们生存的这个地球就会被兔子挤满。但事实上，兔子的数量并没有如我们计算的那样迅速增长，这是为什么呢？

原来，兔子为了适应环境，对种群发展实行了自我控制。真正存活下来的小兔数量不会超过原有雌兔数量的一半。

那么，兔子又是如何控制种群数量的呢？原来，它们采取的是优劣竞争的方式。从每年的1月份开始，每个野兔家

◢ 兔子王国中的等级体系管理很严格。

最不可思议的动物未解之谜

● 兔子的繁殖能力非常强。

族都要在晚上进行等级争夺战。方法是，兔群按照雌雄不同，自觉分成两组，各组分别进行厮杀争斗，从而在雄兔中产生出一位国王，在雌兔中产生出一位王后，然后组成兔子王国。兔子王国有着严格的等级管理体系。遇有饥荒时，王国中最下等的兔子必须离开王国，外出逃荒，它们不是被冻死就是被饿死。此外，作为王后的雌兔，只能与作为国王的雄兔交配，而不能与其他雄兔交配。其他雌兔交配出生的子女，只许被生产在不安全的洞口附近，经常受到其他野兽的袭击，在王国内成员过剩的时候，它们甚至刚出生就可能被其他雌兔弄死。

最令人感到不解的是，兔子王国中那些最低等的雌兔，尽管也有交配权，但在它们怀孕几天后，受精卵就自动化为了液体，因此无法进一步形成胎儿，这也大大减少了出生的兔子的数量。但这究竟是怎么回事？至今还是一个谜。

动物大揭秘 Animal

兔子的觅食

大多数兔子都在黎明、黄昏或夜晚出来觅食。它们主要吃草、嫩根和其他一些植物。一双大眼睛可以使它们在昏暗的环境中看得很清楚，并可发现逃跑的路线。

● 兔子王国中最下等的兔子可能会被冻死、饿死。

101

少年探索·发现系列

狗的"第六感"

狗果真与人有心灵感应吗?
狗身上的"第六感"是怎样起作用的?

△ 狗的身上可能具有一种"第六感"。

狗有时会表现出一些让人们匪夷所思的行为,例如,它们有的会沿着从来没有走过的路线找到主人,有的能明白主人心里在想什么,有的似乎还能预感到自己主人的不幸和死亡。人们猜想,狗具有一种超常感,并将这种超常感称为"第六感"。

1923年8月,美国一只牧羊犬博比在与主人外出度假时走失。为了寻找主人,博比开始了漫长的旅程,吃尽了苦头。1924年2月的一天,在长途跋涉了6个月之后,博比终于一瘸一拐地回到了它所熟悉的家。人们得知博比的经历后,都纷纷赞扬它的忠诚、勇敢、坚毅,但同时,科学家们也在思考着这样一个问题:博比在数千里外的地方是怎样找到回家的方向和路径的?因为据了解,当初它的主人是驾驶汽车带它外出度假的,而它的返程路线,却与主人开车所走的路线相距甚远,因此,说它是靠追踪主人的气味走上归途的

◁ 有的狗能在不认识的路线上千里跋涉,找到主人。

动物大揭秘 Animal

狗表达情绪的方式

当狗高兴的时候,尾巴会一直摇个不停;当它紧张、生气的时候,尾巴就会往上翘;而当它害怕时,尾巴就会夹在后腿中间,做出一副可怜兮兮的样子!

话，似乎说不通。于是，科学家们相信，博比是靠着一种特殊的能力和感觉找到回家的路的。这种感觉绝不是人类已知的那些犬类感觉。

美国的弗吉尼亚州有一只叫安东尼的小狗，能与主人进行交流，而交流的方式就是吠。有一次，女主人让安东尼猜一位客人的年龄。客人将自己的年龄写在纸上，客人写下的数字是33，可是，安东尼却吠了36声。女主人告诉它猜错了，让它再试一次，可第二次它还是吠了36声。客人对此大吃一惊。最后，他难为情地对女主人说："安东尼猜对了，我的确是36岁，写在纸上的数字是错的。"

据说，英国一位考古爱好者在埃及帝王谷考察时，不幸遇难。就在他死去的那一刻，在他遥远的家乡，他的爱犬也突然哀号不止，接着便倒地而死。

以上这些事件是不是就是狗的"第六感"在起作用呢？这种"第六感"到底是怎么回事？它是如何起作用的呢？这些问题也正是很多科学家正在研究的课题。

▶ 狗是人类最忠诚的朋友。

▶ 狗与人好像能产生一种心灵感应。

赤狐"杀过行为"探秘

什么是"杀过行为"?
赤狐为什么不将杀死的猎物全部带走?

赤狐是体形最大、最常见的狐狸,它们总在夜间活动。赤狐非常狡猾,不仅能够避开猎人挖的陷阱和捕兽工具,还会通过装死的方法来诱捕水鸟。当食物不足时,赤狐偶尔也会跑到附近的村子里去偷鸡、偷鸭。它们的这种行为已经够可恶的了,然而,更为可恶,同时也令人不解的是它们的"杀过行为"。

▲ 鸡经常会惨遭赤狐的猎杀。

"杀过行为"是指一些凶残的肉食性动物,一次杀死远远超过自己食量的猎物的行为。"杀过行为"明显违背了动物捕猎是为了食物需要的法则。那么,"杀过行为"背后的动机究竟是什么呢?

为了对此进行研究,荷兰动物行为学家亨利博士曾在农村鸡舍守夜观察。他看到一只赤狐跳进鸡舍,在大约10分钟的时间内,便把十几只小鸡全部咬死,最后只衔走了一只。赤狐还常常在风雨交加的夜晚,闯入黑头鸥的栖息地,将数十只黑头鸥逐个咬死。但是,它竟然一只都不吃,空"手"而归。更令人不解

▼ 赤狐

的是，亨利博士发现，黑头鸥在夜间，尤其是在风雨交加的夜晚，都蹲在地上一动不动，任凭赤狐撕咬。

对于赤狐的"杀过行为"，目前科学家们的解释不一。有的认为，赤狐作为一种凶猛的食肉动物，"杀过"是其残忍本性的一种体现，它们残忍的本性决定了它们不会放过任何一个猎物；有的认为，赤狐的"杀过行为"只是偶然现象，并非每次捕猎都有"杀过行为"。可能是它们接近猎物时，被捕杀的动物惊慌失措，四处奔逃，这反而激起了它们的野性，于是才大开杀戒。然而，较多的科学家认为，"杀过"的成因不能一概而论，应该具体问题具体分析。

以上对赤狐"杀过行为"原因的解释，都属于推测性的，缺乏科学的论证。"杀过行为"背后真正的原因到底是什么呢？终有一天，这个谜团会被人类破解。

▲赤狐的"杀过行为"令人费解。

狐狸对子女的教育

小狐狸刚出生不久，其父母就开始训练它们独自捕食了。当小狐狸两个月大时，它们就被带出去学习捕猎，而一旦它们能独自捕食了，就会被父母赶出家门。

少年探索·发现系列

难辨性别的鬣狗

▲ 雌性鬣狗正在哺乳。

➡ 雌雄两性鬣狗为什么有几乎相同的外生殖器？如何判定鬣狗的性别？

一般来说，我们只要通过动物生殖器官上的显著差异就能分辨出动物的性别。但是，要从外表上分辨出鬣狗的性别，可不是一件容易的事情。因为雌性鬣狗也长着一对看起来像睾丸一样的东西，甚至连外生殖器的形状，也与雄性鬣狗很相像。

这种现象该如何解释？1919年，英国的两位学者提出一种观点。他们认为，无论雌雄，鬣狗体内都会分泌出同样数量的雄性激素，因此，其外生殖器官看起来很像。但有两位美国学者对此提出了质疑。他们考察了一个大约由80只鬣狗组成的群体，发现一般情况下，成年雄性鬣狗的雄性激素分泌比雌性的高6倍多。而且，雄性鬣狗之间的雄性激素分泌也不相同，群体中固定居留者的激素分泌量比暂时居留者的高4倍。更为有趣的是，鬣狗群体中，处于最高支配地位的那只雌性鬣狗的雄性激素分泌量比普通雄性鬣狗的还高。

一时间，这个问题又变得扑朔迷离。鬣狗性别难辨之谜，仍有待于科学家进一步研究。

◀ 正在猎食的鬣狗

神农架白熊之谜

神农架地区的白熊属于什么动物？神农架白熊为什么会通体白色？

◉ 专家在神农架考察。

1954年夏，一位药农在神农架采药时，偶然发现一个熊窝，并在熊窝中捉到一只刚足月的小白熊。1977年6月，几个伐木工人又在神农架一个幽深的洞穴里发现了熊窝，窝里也有一只小白熊。

一些科学家对这种白熊产生了兴趣，纷纷前来考察。他们发现，这种白熊性情温顺，体形像黑熊，脸比黑熊短，上唇、鼻、眼睛均是红色的。它们生活在海拔1500米以上的原始箭竹林中，以野果、竹笋为食，没有冬眠的习惯。

那么，这种白熊究竟属于什么动物呢？专家们意见不一。有的人认为，神农架白熊可能是某种本来生活在寒冷地方的白熊，后来随冰川来到了神农架，因为神农架曾受到冰川移动的影响。也有人认为，神农架白熊其实是普通棕熊的一种病态的白化，发生病变的原因或许与神农架地区特殊的地质、水质、气候与环境有关。

白熊到底有着怎样的身世？专家们至今没有找到答案。

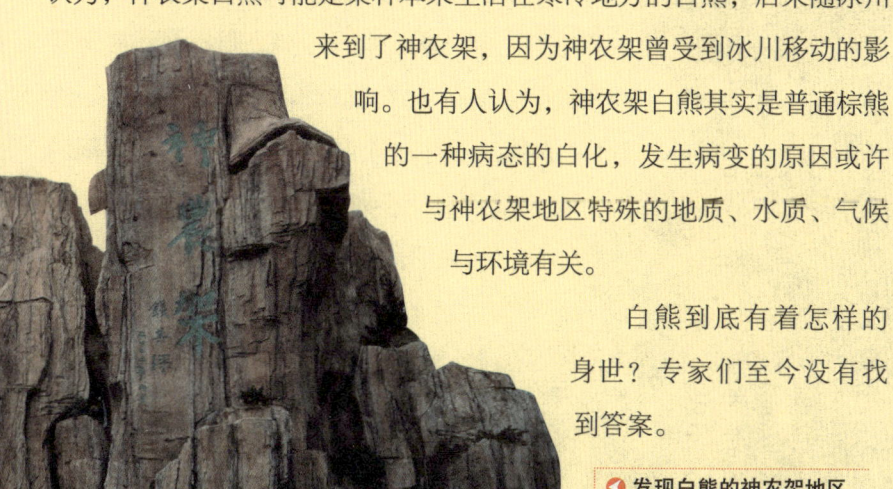

◉ 发现白熊的神农架地区

少年探索·发现系列

灰熊的"生物钟"

灰熊为什么能准确把握冬眠的时间？
灰熊的"生物钟"是怎样起作用的？

为了揭开灰熊的冬眠之谜，美国一些科学家曾对黄石公园中的一种野生灰熊进行了跟踪考察。他们在灰熊脖子上套上一个塑胶圈，里面装着微型无线电发报机，以此来了解灰熊的一举一动。

◀ 灰熊在为自己准备冬眠的洞穴。

为了过冬，灰熊首先要给自己挖一个新的洞穴，然后在里面铺上一些松树枝。之后，它们便懒洋洋地在原野上散步。熊脖子上的塑胶圈里发出的信号告诉科学家们，这时灰熊的新陈代谢速度变慢了。

▼ 准备进洞冬眠的灰熊

等北风怒吼、大雪纷飞的时候，灰熊就一头钻进洞里，蜷缩着身子，开始冬眠。这时，灰熊的体温下降，心跳和呼吸速度减慢。

有一年冬天，北风呼啸，眼看暴风雪就要来了。于是科学家们估计，灰熊该进洞了。然而，灰熊并没有进洞。很显然，灰熊知道冬眠的时间还没有真正到来。果然，过了几天，太阳又出来了，天气又有些转暖了。

过了不久，黄石公园又迎来一场暴风雪。这时，灰熊纷纷钻进自己挖好的洞中，开始冬眠。

◀ 灰熊正在休息。

▲ 冬天到了，灰熊等待进洞冬眠。

灰熊是如何准确把握冬眠时间的呢？科学家们认为，灰熊的身上有一种神秘的"生物钟"以及一套察觉地球"脉搏"的本领，包括察觉气温、气压、降雪等等。当气温下降、天气变冷的时候，灰熊的"生物钟"第一次被敲响，于是，它们开始懒洋洋地打着呵欠，为自己挖冬眠的洞穴，并做冬眠前的其他一些准备；又过了一段时间，灰熊的"生物钟"第二次被敲响，于是，它们开始独自活动，在山林中漫步，等待进洞冬眠；再过一段时间，当灰熊的"生物钟"第三次被敲响时，它们就钻进洞穴里，开始冬眠。

那么，灰熊究竟是怎样感知地球的"脉搏"的呢？当第一次、第二次"生物钟"敲响之后，它们为什么不马上开始冬眠呢？这还是一个猜不透的谜。

动物大揭秘 Animal

已灭绝的墨西哥灰熊

墨西哥灰熊曾是墨西哥数量最多的野生动物之一，栖息在树林中。进入20世纪后，由于人类对其生存环境的破坏，以及人类的捕杀，墨西哥灰熊最终于1964年灭绝。

▶ 灰熊最喜爱的食物是鲑鱼。

走近谜团重重的大熊猫

大熊猫到底属于哪一科？
躯体庞大的大熊猫所产的幼仔为什么只有几十克重？

▽ 大熊猫虽然躯体笨重却很善于攀爬。

大熊猫主要分布在中国的四川、陕西和甘肃等地，栖居于海拔2400~3500米的高山竹林中，是中国特有的珍稀动物。它们性情较温顺，样子憨态可掬，非常可爱。

但在这种人见人爱的动物身上，却存在着一个又一个至今未解的谜团。首先，对大熊猫属于哪一科的问题，科学家们就争论了100多年，至今仍无定论。有的科学家认为，大熊猫应属浣熊科，因为大熊猫与浣熊具有相似的特征；有的科学家认为，大熊猫应属熊科，因为其脑部结构、颅骨形状与牙齿数目等均与熊类相似；还有人主张应单独分出一个大熊猫科，因为大熊猫的吻部比熊的短，牙齿脱换的特点及胎儿尾长的返祖现象都与熊不同。

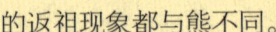

大熊猫的生存危机

大熊猫通常每次只产一只幼仔，而且这只幼仔非常脆弱，很容易因缺乏营养、患病、气候恶劣或遭遇天敌而夭折。目前全世界熊猫的总数不超过1000只。

▶ 大熊猫食量惊人。

另外，大熊猫的一些生活习性也很奇怪。例如，它们只在方圆3千米左右的地区活动，在食物不够的情况下，它们虽然偶尔也会去低海拔的地方觅食，可吃完后，它们马上就会返回原来的地方。更让人不解的是，在一些竹林枯死的地区，翻过山就是大片竹林，可大熊猫宁可饿死，也不去异地取食。

在大熊猫种群的兴衰存亡问题上，科学家们也持不同意见。有的科学家认为，现在的大熊猫种群正处于演化过程的自然衰亡阶段，我们目前只是在为延缓大熊猫走向衰亡进行努力。一旦环境发生不利的变化，就会加剧大熊猫的衰亡。但是，也有人认为，从生物学特性上来说，大熊猫是能够承受自然选择的压力的，它们目前之所以处于濒危状态，主要是由于可栖息地迅速消失，只要这种状况有所改变，大熊猫种群就能逐渐稳定甚至有所发展。

◀ 大熊猫栖居于高山竹林中。

另外，为什么有的大熊猫在发情期没有求偶表现？躯体庞大的大熊猫所产的幼仔为什么只有几十克重？不断造成大熊猫死亡的消化系统疾病的病因是什么？这些都是悬而未决的谜。

◀ 大熊猫种群处于濒危状态。

大熊猫食肉之谜

为什么大熊猫除了爱吃竹子,也爱吃肉?
为什么哺乳期的母熊猫更爱吃肉?

我们都知道,大熊猫喜欢吃竹子,尤其是各种箭竹,鲜嫩多汁的竹笋是它们的美味佳肴。如果有人说"大熊猫爱吃肉,尤其爱吃羊肉",肯定有许多人不相信。但是,一些研究人员却发现,大熊猫有时的确会改变食性,吃草、啃树皮、嚼食朽木、吃沙石土块等,在遇到可以食用的腐肉或骨头时,也乐意去尝试。母熊猫在生仔之前或带仔的哺乳期间,这种现象更为明显。

◆ 正在吃竹子的大熊猫

据专家解释,在生物学上,大熊猫属于哺乳动物纲、食肉动物目,它们的祖先有着食肉动物的消化生理特点。照此分析,既然大熊猫是肉食性动物,那么它为什么会改吃竹子这种非常难消化的植物呢?为了解开这个谜团,科学家们对大熊猫的消化特点进行了研究。它们惊讶地发现,大熊猫的消化道里有食草动物特有的纤毛虫。为什么大熊猫既具有食草动物的特点,同时也具有食肉动物的特点呢?它们的奇特习性究竟是如何形成的呢?对这些问题,科学家们一时也难以解答。

最不可思议的**动物**未解之谜

浣熊很爱干净吗

浣熊浣洗行为的真正原因是什么？
为什么浣熊洗食物的水往往是泥水？

浣熊生活在北美和中美以及南美洲北部地区，一般体长42~60厘米。浣熊的毛很长，眼睛周围是黑色的，看起来好像戴着面具。浣熊擅长爬树、游泳，大多在夜间活动，利用视觉和灵敏的嗅觉来觅食。

浣熊非常馋，五谷杂粮、蔬菜水果、蛙、兔、鼠、鸟等都是它们的食物。它们甚至可以在垃圾堆里找到食物。可奇怪的是，它们在进食之前，总是喜欢把食物先浸到水里洗一下。

△ 浣熊

起初，人们以为浣熊是一种爱清洁的小动物。但是科学家们在仔细观察之后发现，其实浣熊并非见水就洗，而且，浣熊洗食物的水往往是泥水，这种水比食物本身还要脏得多。于是人们猜想，浣熊喜欢在水中冲洗食物，也许是它们喜欢玩耍水中的食物，或许它们觉得那样吃起来更有滋味。也有人认为，这是出于浣熊本能的一种习性，如同狗有往土里埋食物的习性一样，是世世代代遗传下来的。

事实究竟是怎样的？科学家们将继续进行探索。

◁ 浣熊进食之前喜欢把食物洗一下。

少年探索·发现系列

猫千里寻主的神奇本领

所有的猫都会认路吗?
为什么有的猫会千里追寻主人?

1974年,美国一位兽医举家从纽约迁居到加利福尼亚。由于路途遥远,他们搬家时就没有带走家养的那只猫——"小精灵"。没想到,9个月之后,这只"小精灵"竟然跋涉了4000千米远的路程,几乎横穿了大半个美国,最终找到了它的主人。

美国有一只名叫"烟雾"的波斯猫在随主人全家搬迁时,半路走失了。然而一年后,它居然在主人的新居中出现了。

"米基"从出生以来就一直生活在日本的平冢。1984年的一天,它的主人带它横跨整个日本,来到了系鱼川。他们在系鱼川住了很长一段时间,可是突然有一天,"米基"不见了。1986年的一天,当主人带着遗憾离开系鱼川,回到平冢的家里时,却意外地发现丢失多日的"米基"正在花园里。

这些现象在当时都曾引起轰动,人们都非常想知道这些猫究竟是怎样认路的。于是有些科学家猜测,猫是靠太阳来辨别方向的。它们在家时会记住不同时间

◀ 有的猫有千里追寻主人的本领。

最不可思议的动物未解之谜

太阳在天空中的位置。当走失时，它们会通过寻找与记忆中太阳位置相同的地方来找到家。

但是，如果这种解释正确的话，似乎只能解释"米基"横穿整个日本，回到原来的家中这一事实，而对于"小精灵"和"烟雾"来说，它们并没有去过主人的新家，根本谈不上记住新家与太阳在天空中的位置啊！于是又有人提出，猫是根据气味信息来追寻主人的。但这些都只是一种猜想，科学家们正在努力寻找确凿的证据。

然而有些科学家在进行了一系列的试验之后发现，许多猫其实并不能找到家。难道"小精灵""烟雾"和"米基"这些猫天生就比其他猫聪明？或者是主人对它们进行了后天的训练？

对于这些问题，科学家们还没有找到合理的答案。

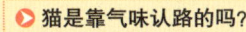
猫是靠气味认路的吗？

并不是所有的猫都会认路。

动物揭秘 Animal

猫的离家出走

猫对自己活动的区域是非常依恋的，一般不会离家出走。只有到了繁殖期，它才会离家出走，因为它要出去寻找配偶，以繁殖后代。

少年探索·发现系列

袋狼真的灭绝了吗

> 袋狼是一种什么样的动物？
> 袋狼尸体被发现时已存在了多长时间？

　　袋狼是一种长相像狼的有袋类动物，曾广泛分布于澳大利亚南部的塔斯马尼亚岛上。19世纪初，欧洲移民来到塔斯马尼亚岛时，曾花了很大力气来消灭袋狼。1933年，岛上最后一只袋狼被捕获，并于1936年死于动物园中。之后，动物学家再没有在该岛上搜寻到幸存的袋狼。

　　1967年，有人在西澳大利亚尤克拉以西110千米处的一个石灰岩山洞内发现了一具袋狼的尸体。对于这只袋狼死去的时间，专家们意见不一。有人认为它是几十年前袋狼的干尸，理由是袋狼早在几十年前就已灭绝；但也有人认为，尸体看起来还很新鲜，说明这只袋狼死去的时间不长。

　　而此时，又有人声称自己最近曾亲眼见到了袋狼。此人目不识丁，从未阅读关于袋狼的任何文章，但从其对于袋狼的描述来看，专家们又不得不相信这是真的。

　　袋狼究竟有没有灭绝？现在还有没有幸存的袋狼？目前还是一个谜。要破解这些谜，科学家们还需继续进行探索。

◀ 袋狼的头骨、牙齿等都具有狼的特征。

最不可思议的**动物**未解之谜

探寻**新疆虎**的踪迹

新疆地区目前到底有没有新疆虎？如果有，新疆虎生活在什么地方？

▷ 新疆虎是在1916年被定名的。

新疆虎是中国虎种的五个亚种之一。1900年3月28日，瑞典博物学家斯文·赫定在中国新疆境内发现了一个新的虎种。但是，在这以后的十几年当中，由于环境的恶化和人类的猎杀，这种虎的数量日益减少。据记载，人类最后一次发现这种虎是在1916年，当时是从博斯腾湖附近获得了它的标本，于是正式为其定名为新疆虎。在这以后的数十年间，科学工作者曾多次寻找过它们的踪迹，但始终也没发现过。因此人们一度认为，新疆虎于1916年已经灭绝了。

然而，据说20世纪50年代曾有牧民在新疆塔里木河下游的阿尔干附近见到过新疆虎。这一传闻再次引起了科学家们对新疆虎的关注。由于有记载说，新疆虎主要分布在新疆塔里木河与玛纳斯河流域一带，因此，科学家们纷纷前去探寻新疆虎的踪迹。可是直到今天，也没有人再见到过它们。因此，有的科学家猜想，也许是新疆虎的生活区域发生变化了。

为了彻底弄清楚新疆虎是否已经灭绝这个问题，科学家们将继续进行探索。

◁ 新疆虎与东北虎同属中国虎种。

貂熊"画地为牢"的秘密

> 为什么貂熊画了禁圈便可使猎物束手就擒？
> 貂熊的尿液究竟有什么特别之处？

在《西游记·三打白骨精》一节中，孙悟空用金箍棒在唐僧等人周围画了一个圈，便将所有的妖魔鬼怪、豺狼虎豹挡在了圈外。当然，小说中孙悟空所画的"禁圈"是虚构的，然而，动物界中的很多动物的确都有画"禁圈"的本领，其中最典型的是一种叫貂熊的动物。

◁ 貂熊

貂熊即狼獾，生活在北方的森林和冻土地带，在我国仅见于东北大兴安岭林海深处，是一种珍稀动物。貂熊的身长1米左右，头部像熊，尾部像貂，屁股上有臭腺，能发出特殊气味。它们的腿非常有力，能够在冻原上追赶奔跑速度极快的驯鹿。貂熊不仅特别贪吃，胃口极大，而且性情非常凶猛、贪婪，力大无比。它们通常能捕食比自己大好几倍、重数倍的兽类，并将庞大的猎物尸体拖走。

然而，貂熊在捕食猎物时，并不是一味地使出浑身力气直接攻击猎物或迂回偷袭猎物，而是用自己的尿在地上撒个大圆圈，将猎物圈起

◁ 貂熊的尾部像貂。

来。奇怪的是，被圈进来的小动物，就像中了魔法一般，乖乖地待在圈子里，眼睁睁地等着貂熊把自己吃掉。正是凭借这一秘密武器，貂熊才能顺利捕获驯鹿、獐子、狐狸等形体高大、善于奔跑的动物。然而更奇怪的是，当凶猛的肉食动物如豹子、豺等看到被貂熊"圈"起来的动物时，也只能在圈外徘徊，不敢越"雷池"一步。

▲ 貂熊的头部跟熊的头部相像。

针对以上有关貂熊画"禁圈"的奇怪现象，科学家们纷纷提出了自己的见解。有人认为，这是因为貂熊生性凶猛，在自然界几乎没有天敌。小动物一旦被它逮住就无法逃脱，连猛兽也让它几分。所以，那些弱小的动物们一闻到貂熊尿液的气味，就只能束手就擒，而豹子等猛兽则只好无奈避开。可是，弱小动物见到猛兽时，一般都会奔跑逃命，为什么当它们遇到貂熊时却会坐以待毙呢？因此，这样的解释还不足以让人信服。另外，也有人猜想，可能是貂熊的尿液里有特殊的麻醉成分，能麻痹动物的神经中枢。然而，科学家们至今也没能从中找到这种特殊的成分。

貂熊用尿液画的"禁圈"为什么这么神奇？科学家们将继续进行研究。

奇特的鼬科动物

貂熊属于鼬科动物。鼬科动物包括獾、黄鼠狼和水獭等，是体形最小的肉食动物。它们的肛门附近都长着可以分泌刺激性气味的腺体，用来确定领地、相互沟通、防御敌人。

少年探索·发现系列

鲸弃陆奔海之谜

鲸原来曾经生活在陆地吗?
"大四季"的猜想是否成立?

科学家们在对鲸体内的血液蛋白进行化学分析之后,发现它们与有蹄类动物有着亲缘关系。另外,考古学家们也在河流淤积的河床上发现了鲸的化石,同时还发现附近有大量的有蹄陆生动物的化石。因此他们推断,鲸的祖先其实是生活在陆地上的哺乳动物。

那么,鲸为什么会放弃陆地生活,开始海洋生活呢?有人猜想,1.2亿年前,鲸的祖先们已经逐渐将生活范围接近海洋,慢慢地,它们便时而生活在陆地上,时而又生活在水中。大约在4000万年前,它们完全适应了水中的生活,于是彻底迁入了海洋中。这种说法并没有触及问题的实质。

还有人认为,地球围绕太阳系和其相近星系的质心公转形成大四季。5000万年前,地球正处于上两轮大四季中的春季。这种气候导致长期的全球性洪水泛滥,于是,原本生活在陆地上的许多哺乳动物都选择了在海洋中生活,其中就包括鲸的祖先。这种猜测其实只是提供了某种思路,至于鲸弃陆奔海的真正原因,现在还是一个谜。

鲸是生活在海中的庞然大物。

鲸"跳龙门"的奥秘

鲸每隔多长时间会从水中跃起？
鲸从水中跃起的目的是什么？

在烟波浩淼的海洋里，人们常常可以看到鲸猛地从水中跃起的现象。鲸为什么要跳跃呢？

过去人们一直认为，鲸的跳跃与捕食、娱乐、逃避敌害等有关。但是近几年来，一些海洋生物学家对鲸的跳跃行为又有了新的看法。

有人发现，雄性座头鲸在交配时期，跃出水面的次数远比其他时间要多。它是不是在寻求配偶或者向其他雄鲸挑战？也有人认为，鲸一跃而起，其实是为了更好地呼吸。因为它们跃起来时，喷水孔能离开水面较长时间，从而利于它们呼吸。也有人曾经发现两头雄性座头鲸同时蹿出海面，一头冲到另一头的上方，进行一场"空战"，由此认为鲸跳跃意味着鲸在进行激烈的格斗。还有人注意到，当鲸群要分开或会合时，鲸的跳跃次数会明显增多。因此猜测，鲸跳跃可能是它们互相联系的一种手段。

目前专家们在对鲸的跳跃行为的研究方面还没有取得满意的成果，这个谜仍然困扰着人们。

▷ 一头逆戟鲸跃起与海豹嬉戏。

▲ 一头跃身激浪的露脊鲸

最不可思议的动物未解之谜

少年探索·发现系列

座头鲸的"海妖之歌"

> 座头鲸为什么要唱歌?
> 座头鲸的歌声与季节、地域有什么关系?

座头鲸又叫驼背鲸,体长约10米,大脑袋,短身子,尾巴像一轮弯月。

座头鲸每年冬天都要回到暖和的海域进行繁殖,那时雄鲸就会发出雷鸣般的低音和尖锐的高音,声音洪亮而且缓慢,节奏分明,抑扬顿挫,形成优美的旋律。动物学家称赞它们为海洋世界里的"歌星"。而且,季节不同,座头鲸的唱法也都不同。另外,同一个地区的座头鲸都唱同样的歌曲,不同地区的座头鲸唱的歌也不一样,有的是一连串的音符,有的是一再重复的乐章。

▲ 座头鲸

▼ 座头鲸放声高歌。

对于座头鲸唱歌的原因,有些动物学家认为,座头鲸唱歌可能就像鸟类唱歌那样,是同类间"求爱"的呼唤,也可能是一种保持距离的警告。而有的动物学家则认为,座头鲸唱歌其实是为了相互之间传递信息。

另外,为什么季节不同、地域不同,座头鲸的歌也不同呢?对于这些问题,科学家们至今也难以下定论。

最不可思议的动物未解之谜

长着怪异独角的独角鲸

雄性独角鲸的"独角"是用来做什么的？
为什么雌性鲸没有"独角"？

独角鲸生活在北冰洋及附近海域。事实上，独角鲸所谓的独角，其实是雄性独角鲸左上颌的一枚长牙，它长达3米，是笔直的螺旋形。而雌性鲸很少有这种"独角"。

▲ 独角鲸

雄性独角鲸的这只怪异"独角"引起了众多科学家的兴趣，他们纷纷对这只"独角"的神奇作用进行猜测。

有的科学家认为，这枚长牙是雄性独角鲸用来战斗的武器；有的科学家则认为，它是雄性独角鲸凿穿冰层，进行呼吸的工具；还有科学家认为，这枚长牙是独角鲸的取食工具；也有科学家猜想，它是独角鲸的散热器官，因为独角鲸在快速游动时身体会发热，所以它会通过这只独角来散热；还有人说它是独角鲸的回声定位工具，用于寻找食物。还有其他说法，如：独角鲸利用这只独角来改善其全身的流体力学性能，从而使自己游得更快；独角鲸利用这只奇特的角来引诱一些好奇的小鱼，从而成为它的美餐。

以上种种说法，究竟哪种正确，还有待于科学家们进一步探索。

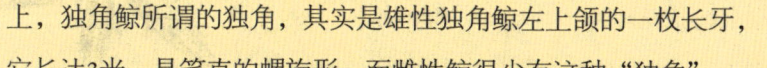

◀ 不同种类的鲸

额部装满油脂的抹香鲸

抹香鲸装满油脂的额部到底起什么作用？
抹香鲸的吻究竟是怎么回事？

抹香鲸又称为巨头鲸，是齿鲸中最大的一种。它们的体形呈楔形，脑袋大，嘴巴小，主要栖息于南北纬70°之间的海域中。抹香鲸的额部贮存着丰富的油脂，因此成为人们疯狂捕猎的对象。再加上它们行动缓慢笨拙，所以，很快就由100多万头锐减到几万头。

△ 繁殖时期的抹香鲸群

那么，它们装满油脂的额部，到底起什么作用呢？

美国科学家瓦德基认为，抹香鲸以捕食深海区的章鱼、乌贼为生，是一切海栖哺乳动物中的潜水冠军。它有一个巨大的肺和能够贮藏空气的巨大腔膛，但这些仍然不足以使它在长时间潜水后迅速升到海面。这时，它额部多余的巨大脂

动物大揭秘 Animal

海中异宝——龙涎香

抹香鲸的体内有一种被称为"龙涎香"的独特成分。龙涎香是一种非常名贵稀有的香料，在燃烧时，会发出一种类似麝香的香味，其价值远远超过黄金。

△ 抹香鲸（下）的体形呈楔形。

肪体就能起到浮力调节器的作用，从而为抹香鲸的深海潜捕赢得时间。

但是，法国学者布斯涅尔却认为，抹香鲸巨大的额部脂肪体实际上是起回声探测的作用。抹香鲸额部的脂肪体就像声学中的透镜体一样，将复杂的回声折射成灵敏的探测声，以便正确地分析、探测来物的方向及数量，最后传到内耳，由大脑神经指令追捕。正是因为抹香鲸具有优于其他鲸类的声呐接收功能，所以它能在深海区昼夜捕鱼。

这两种观点究竟孰是孰非，目前还没有结论。

此外，抹香鲸的吻也令人深感困惑。因为科学家们发现，雌雄两性抹香鲸的嘴部经常互相接吻，成年抹香鲸的嘴部也经常接触幼鲸。因此人们猜测，抹香鲸也像人类一样，是用吻来表达浓浓爱意。但令人费解的是，成年抹香鲸在海面上相互触碰嘴部之后，紧接着的往往是一场激烈的争斗，而争斗的结果往往是在双方的下颚部留下牙咬的伤痕。这种现象该如何解释？目前，科学家们还不能给出合理的答案。不过我们相信，经过科学家们的进一步观察和研究，有关抹香鲸的这些谜团终会被破解。

◭ 抹香鲸巨大的额部贮存着丰富的油脂。

◀ 抹香鲸的食物

少年探索·发现系列

鲸类集体搁浅的真相

鲸为什么会有轻生之举?
鲸为什么会集体自杀?

▲ 黑压压的鲸尸铺满了海滩。

大自然中的一切动物都有求生的本能,按照常理,轻生之举似乎与动物无缘。然而,在世界很多地方都不断出现动物自杀的报道。据载,1946年10月,800多条虎鲸冲上了阿根廷马德·普拉塔城海滨浴场,结果全部死亡。自1963年以来,仅在南非,就至少有160多条不同种类的鲸自行搁浅。1985年12月22日,在中国福建省福鼎县的海滩上,也发生了一场鲸自杀的悲剧,自杀的全都是很珍贵的抹香鲸。据记载,当时正值退潮,海湾里的鲸群惊慌失措,左冲右突。其中一头鲸冲上了浅滩,无法行动,便开始挣扎哀鸣,其余本已顺潮回到海里的鲸,听到了这头鲸的叫声,全部奋不顾身地游了回来。当潮水再度上涨时,人们试图用帆船拖拽着抹香鲸下海,但被拖下海的鲸不久之后竟然又冲上了海滩。最后,共有12头抹香鲸集体自杀,陈尸海滩。

对于鲸集体自杀的原因,科学界众说不一。有人认为,鲸类冲上海滩的主要原因是听觉失灵。鲸靠鼻部和咽部的气囊发出一种特殊的高频声波,利用反射回来的声波来辨别方向和捕捉食物。但当它们游到平坦多沙或泥质的浅海水域时,反射

最不可思议的动物未解之谜

回来的是低频声波,因此就无法对环境进行正确的判断,从而迷失了方向。有两位美国科学家在死鲸的耳朵里发现了很多寄生虫,因此他们认为是寄生虫影响了鲸的声呐系统。

▲ 搁浅的鲸

也有人认为,鲸一头接一头地冲上海滩,是为了救助同伴。鲸通常都是组成团结友爱的集体,一起觅食,共同抵御敌害。它们当中的某个成员如果不慎搁浅,其他的鲸就会奋不顾身地前来救助,以致接二连三地搁浅。

更有人认为,鲸类几十头、几百头地大规模搁浅,是因带头的首领判断方向有误,导致众鲸盲目跟随。因为鲸都有结群的习性,而且对首领极为忠诚,不论首领走到哪里,后面的鲸都会"赴汤蹈火,在所不辞"。因此,一旦领头的鲸出了错,众鲸也都随之赴难。

至今,人们还在多方面探究鲸集体搁浅的原因,各种各样的说法都有,但目前仍无定论。

▼ 鲸一旦搁浅就会走向死亡。

动物揭秘 Animal

鲸的潜水

鲸具有潜水的本领,能通过潜水搜寻食物。鲸在下潜时,心跳立刻减慢,血液流向大脑和肌肉,以减少身体对氧气的消耗,所以鲸能在一定水深处停留很长时间。

少年探索·发现系列

助人为乐的逆戟鲸

为什么凶猛的逆戟鲸对人类却非常友好？
逆戟鲸为什么会帮助渔人们捕鲸？

逆戟鲸即虎鲸，广泛分布于世界的诸多海域。它们性情十分凶猛，连长须鲸、座头鲸、蓝鲸等大型鲸类见到它们也会慌忙避开。

奇怪的是，在海洋中称王称霸的逆戟鲸，对人类却非常友好。若在水族馆里加以饲养驯化，它们还能学会许多技艺，表演各种节目。

20世纪20年代，澳大利亚新南威尔士州附近海域中有一群逆戟鲸，经常帮助渔人们捕鲸。它们通常都是先选定目标，比如一条座头鲸或一条长须鲸，然后想方设法将其赶到浅水区域。接着，其中的两条逆戟鲸会将猎物的尾巴死死咬住，其余的逆戟鲸则迅速围拢过来，齐心协力地袭击猎物的鼻孔，使其透不过气来，这样，惊惶失措的猎物便被迫跃出水面。渔民们此时就将船停在岸边，见鲸跃出水面，便可以乘机投叉猛刺。当被刺死的鲸开始向下沉的时候，这

△ 逆戟鲸的嘴部

△ 蓝鲸见了逆戟鲸会慌忙避开。

▲ 逆戟鲸是鲸类家族中的猛兽。

些逆戟鲸会乘机咬吃其舌唇，然后将没了舌唇的死鲸送上水面。这时，渔民们就可以轻而易举地将死鲸从海里拖到岸上了。

有时候，海面上并没有渔船，这些逆戟鲸在遇到猎物的时候，会先将猎物包围，然后，其中的几条逆戟鲸便迅速游到岸边，用尾巴拍击岸边的海水，发出巨大的响声，用这种方式来向渔民们通风报信。等渔民们驾驶渔船下海后，通风报信的逆戟鲸便在前面带路，将渔船带到被围困的猎物旁边。

为什么凶猛的逆戟鲸对人类却非常友好呢？逆戟鲸为什么要常年帮助渔民们捕鲸？科学家们也无法解释清楚。

动物大揭秘 Animal

鲸类中的"语言大师"

逆戟鲸是鲸类中的"语言大师"，能发出60多种含义各不相同的声音。比如，在捕食鱼类时，它们会发出断断续续的"咋嚏"声，使鱼类的行动变得失常。

少年探索·发现系列

令人惊讶的海豚高智商

> 海豚的智商究竟有多高?
> 海豚能不能进行抽象思维?

我们都知道,水族馆里的海豚能够按照训练师的指示,表演各种跳跃动作。它们似乎能了解人类所传递的信息,并采取行动。20世纪70年代,美国的3位科学家对2只海豚进行训练,使它们学会了25个单词。进入21世纪,太平洋海洋基金会的欧文斯博士等4位科学家,花了3年时间对2只海豚进行训练,使它们掌握了700个英文单词……显然,海豚是一种相当聪明的海洋动物。

▲ 在水中翩翩起舞的海豚

那么,海豚到底有多聪明?它们的智商与公认的非常聪明的灵长类动物相比,谁更胜一筹?对此,科学界存在两种不同的见解:一种认为灵长类动物是一切动物中进化得最高级、最能干的;另一种却认为海豚的智商和学习能力与灵长类动物差不多,甚至比灵长类动物还要高一些。

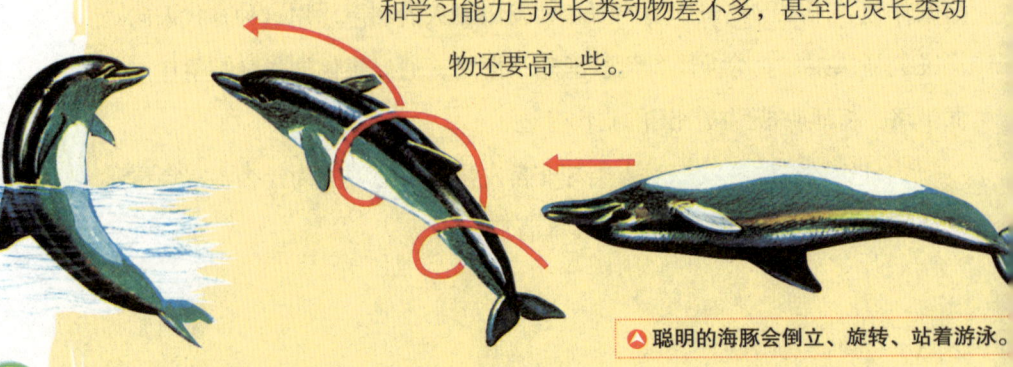

▲ 聪明的海豚会倒立、旋转、站着游泳

最不可思议的动物未解之谜

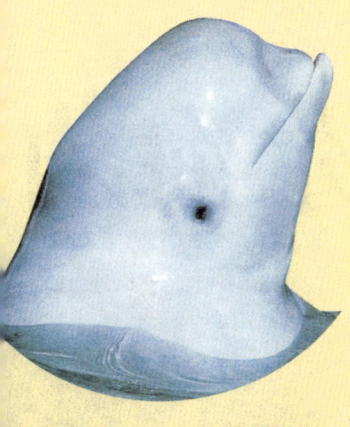

▲ 海豚具有构造复杂的大脑。

为了研究这个问题，早在1959年的时候就有科学家做过试验。他们把电极分别插入海豚和猴子的痛感中枢，让电流通过电极，刺激它们的痛感中枢神经，使其产生痛感。然后再训练海豚和猴子触击其头上的金属小片，以控制电流的通断。结果他们发现，为了使痛感消失，海豚只要训练20次就会选择切断电源的金属小片，而猴子则需要数百次训练才能学会这个动作。可见，海豚的智商并不逊于灵长类动物。

此外，有的科学家为了观察海豚大脑的构造，还解剖了死海豚。结果发现，海豚的脑部不但大而且重，平均重1.8千克，占其体重的1.17%，远远超过了灵长类动物。其脑沟纵横交错，形成复杂的皱褶，有的海豚的皱褶甚至比人类的还多、还复杂。

那么，海豚的智商和能力究竟高到什么程度？它们和人类之间的相互沟通有没有日益增进的可能？海豚对各种不同状况的适应能力以及由过往经验获取教训的学习能力都已经被证明非常强。那么，它们利用语言或符号等象征性事物进行抽象思维的能力又如何呢？目前，想找出这些问题的答案并不容易，还需要科学家们进行进一步探索。

动物大揭秘 Animal

海豚的睡眠

在睡眠中，海豚大脑的两半球处于明显不同的状态。当一个半球处于睡眠状态时，另一个半球却醒着，每隔十几分钟，两个半球的活动状态就变换一次。

潜水高手威德尔海豹

威德尔海豹为什么能承受巨大的水压？
为什么威德尔海豹潜水速度非常快却安然无恙？

海豹大部分时间生活在海中，因此练就了一身潜水的本领，能潜到几百米深的水下。比如，斑海豹可潜入水下100米左右的深度，有时甚至能下潜到水下300米深处，并能持续23分钟。

在海豹家族中，潜水本领最好的要算是生活在南极大陆及其周围岛屿上的威德尔海豹了。为了研究它们奇异的潜水本领，1966年3月，人们在一头雄性威德尔海豹身上安装了探测器。结果发现，它能下潜到水下600米深处，并能在水下连续待48分钟之久。在这个深度，威德尔海豹身上每平方厘米要承受60千克水的压力，可它们的肺活量并不大，是什么原因能使它们承受这么大的水压呢？

另外，威德尔海豹从下潜至水下600米深处到重新浮出水面，仅用了不到12分钟的时间。如果人类潜水要达到这个速度，必然会导致肺和气管的破裂。威德尔海豹是用什么方法避免这些问题的呢？这些都是尚未破解的谜。

▲ 威德尔海豹

▲ 海豹大部分时间生活在水中。

最不可思议的动物未解之谜

探秘深谷里的海豹木乃伊

> 海豹通常生活在什么地方?
> 海豹是如何到达离海岸近60千米的深谷的?

海豹都长着胖墩墩的纺锤形身体,圆圆的头上长着一双又黑又亮的大眼睛。冰天雪地的南极大陆是海豹的天堂,5000万头以上的海豹在那里繁衍生息。

20世纪时,科学家们在南极大陆的一个深谷里发现了很多海豹木乃伊。令人惊奇的是,这个深谷离海豹生活的海岸近60千米,与大海并不相连。这些海豹是怎样到那里去的呢?

有人认为在远古时候,这一地区是与大海相通的。后来陆地隆起,才将海水隔断,形成山谷。那些来不及逃走的海豹就被困在谷中,饿死后风干成为木乃伊;也有人认为,这些海豹是误入谷中找不到来路,才被困死在谷中的;还有人认为,这些海豹是被海啸冲到谷中的。由于路途遥远,无法返回家园,它们只好坐以待毙。

真是众说纷纭,海豹木乃伊之谜还有待人们的进一步探索。

▲ 海豹生活在两极地区。

▶ 海豹的皮下脂肪很厚,可以保暖。

为何大象死不见尸

传说中的大象坟场究竟存不存在?
自然死亡的老公象尸体究竟在哪儿?

△ 大象会因为死去了同伴而难过吗?

大象是一种极有灵性的动物。传说大象能预知自己的死期,当老象知道自己大限将至时,就会偷偷离开象群,独自隐藏到密林幽谷中的大象坟场中,在那里等待死亡的来临。数百年来,只要有大象活动的地方就有类似的传说。

我们姑且相信这样的传说是真实的,那么,那些密林幽谷中的大象坟场一定有许多象牙象骨。由于象牙可以用来制造高级工艺品,是一种非常珍贵的原料,所以,许多梦想着发财的人便根据传说,纷纷前往密林幽谷,希望找到大象的坟场。

苏联的两位探险家就曾前往非洲肯尼亚寻觅象牙。当时,他们遇到了当地的一位酋长。据酋长说,他有一次打猎迷路了,无意中走到了一个白骨累累的岩洞里。从骨架的大小和形

▽ 传说大象能预知自己的死期。

最不可思议的动物未解之谜

状来看，应该是大象留下的。他还亲眼看见一头大象摇摇晃晃走进来，无力地哀叫一声，然后便倒在地上死去了。于是，这两位探险家便按照酋长指点的方向去寻找，果然看见了一个堆满大象尸骨的山谷。他们坚信，自己所到的这个地方就是传说中的大象坟场。

但是，也有许多学者坚决否定存在大象坟场的说法。因为20世纪20年代就曾发生过这样的惨剧：一群大象遭到欧洲探险者们的重重围猎，又不巧遇上森林大火，整队象群无一幸免。探险者因此得到了大批象牙。为掩人耳目，他们就捏造了发现大象坟场的故事。所以这些学者认为所谓的大象坟场只是某些偷猎者为掩盖罪行而编出来的谎言。

然而，人们的确没有见到过自然死亡的大象尸体。有些动物学家声称，他们曾经目睹过大象的葬礼。象群在死去的同伴周围围成一圈进行哀悼，然后用长牙挖出深坑，用鼻子卷起石头将尸体掩埋起来。但值得一提的是，那些被埋葬的大都是母象或幼象的尸体，而长着珍贵象牙的老公象的尸体从来就没人发现过。它们究竟在哪里呢？有人猜测说，那些老公象临死前都到了沼泽地里，所以人们无法发现它们的尸体。

传说中的大象坟场究竟存在不存在？大象坟场真的是某些偷猎者编出来的谎言吗？为什么人们没有见过自然死亡的老公象的尸体？我们期待科学家们尽快找出这些问题的答案。

珍贵的象牙

长在大象上腭的两个长长的獠牙是大象用来防卫的一种武器，另外，它们也是一种非常珍贵的原材料，可以被加工成各种艺术品、首饰，以及台球和钢琴琴键。

少年探索·发现系列

长颈鹿血压之谜

长颈鹿的血压有多高？
长颈鹿体内的"阀门"是如何调节血压的？

长颈鹿有一个超级长的脖子。它们时而昂首望天，时而又低头取食饮水，鹿头忽高忽低，其间相差5米左右。如此大的高度差，普通的血压是无法在瞬间将血液供应到头部的。因此，长颈鹿应该会感到头晕目眩。但事实上，长颈鹿却行动自如。

原来，经测量，长颈鹿的平均血压是人类的两倍。可长颈鹿从心脏压向大脑血液的压力却并不高，随着血液的上升，血压反而会缓慢下降。原来，长颈鹿大脑下部的血管部分有一个奇异的调节血流量的"阀门"。在"阀门"的进出口处都生着一根极细的血管。因此，不论长颈鹿猛低头还是猛抬头，都会安然无恙。

◭ 长颈鹿的平均血压是人类的两倍。

可是，科学家们经研究又发现，长颈鹿祖先的脖子并不长，只是在后来的进化过程中才慢慢变长的。那么，它们体内的这个"阀门"是由什么器官进化而来的呢？这还需要科学家们继续研究。

◀ 正在低头喝水的长颈鹿

寻找绝迹的野马

种群曾经非常庞大的野马有没有绝迹？为什么人们近年来见不到野马？

1878年，人们在中国西北部阿尔泰地区的草原上，发现了大批野马。可是，自1969年动物学家在蒙古最后一次见过它们后，昔日在草原上狂奔的野马群，就在人们的视野中彻底消失了。种群曾经非常庞大的野马为什么数量会迅速减少，直至绝迹，这成了一个令生物学家困惑的未解之迷。

▷ 普氏野马

人们一直不愿相信昔日成群的野马已经彻底绝迹，仍然认为在野马故乡的原野上，还有野马生存。但是，中国学者近年来曾多次进行调查，却一直没有获得野马仍然存在的确凿证据。

目前，我国除正在执行国际性"野马还乡"计划外，对曾经数量庞大的野马迅速绝迹现象原因的调查也在继续进行，寻找野马的考察活动仍在深入进行。我们期待真相大白的那一天。

◁ 在新疆阿尔泰地区的草原上，现在是否还有野马生存呢？

山都狒狒寻找水源的高招

山都狒狒靠什么发现地下水？
山都狒狒能嗅到无色无味的水吗？

山都狒狒生活在非洲南部和东南部的石山上，体长90厘米，是最大的狒狒之一。20世纪40年代，英国著名猿猴学家哈米什·汉密尔顿教授等人发现，山都狒狒能够用一种神秘的方法去发现离地面不太深的水源，并且用前肢把地下水挖掘出来供自己饮用解渴。

△ 狒狒

山都狒狒究竟靠什么来发现地下水？我国著名灵长类学家刘咸先生认为，由于生活环境干燥，山都狒狒为了生存，不得不想方设法寻找水源，于是嗅觉越来越灵敏，从而依靠灵敏的嗅觉发现了离地面不太深的水源。久而久之，这种能力得到进一步的强化。但有的动物学家则反对说，狗的嗅觉灵敏，能发现埋在地下或藏在隐蔽处的物品，是因为这些物品有一定的气味。而水无味无色，山都狒狒怎能靠嗅觉嗅出来呢？

所以，有关山都狒狒靠什么发觉地下水的问题，还需要进一步进行探索。

[第六章]

史前动物寻踪

恐龙的祖先是谁？恐龙智力高还是低？恐龙是变温动物吗？鸟类的祖先又是谁？翼龙是鸟还是恐龙？……相信你已经迫不及待地想回到史前世界去一探究竟了。现在就请坐上时光穿梭机，开始我们的神奇之旅吧！

寻访恐龙的祖先

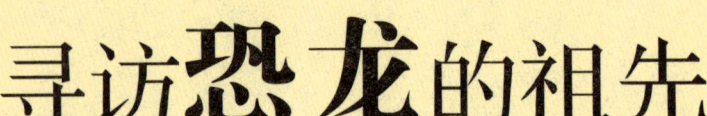

> 恐龙是由什么动物进化而来的?
> 恐龙的祖先是一种动物,还是几种不同的动物?

据古生物学家们推测,恐龙大约出现于三叠纪的中晚期。它们最初出现时,几乎没有对地球生命产生多大影响。但随着时间的推移,恐龙物种的不断发展壮大,到了三叠纪末期,它们就已成了地球生命的统治者了。那么,这一曾经主宰地球的庞大物种的祖先究竟是什么动物呢?

为了回答这个问题,古生物学家们纷纷开始了积极的取证和研究工作。然而,经过长期的探索,他们仍没有形成统一的意见。有人认为,恐龙及现在的爬行动物拥有共同的祖先,名叫"杨氏鳄"。这是一种长约30厘米的像蜥蜴一样的小型动物。杨氏鳄的后代分化为不同的两支,其中一支慢慢进化成真正的蜥蜴,而另一支则慢慢进化成了半水生的初龙。初龙的外貌与鳄鱼很像,全身披着铠甲,身后拖着一条粗大有力的尾巴。与鳄鱼不同的是,初龙的鼻孔靠近双眼,不像鳄鱼的鼻孔那样,位于头的最前端。为了提高划水的速度,初龙的后肢慢慢增长、

动物大揭秘 Animal

三叠纪时期的恐龙
三叠纪中期的恐龙种类并不多,体形也比后来的小得多。到了三叠纪后期,恐龙的体形显著变大,并出现了一些新的恐龙品种,这个物种的发展渐趋成熟。

> 恐龙出现于三叠纪中晚期,当时恐龙并不多。

加粗，并逐渐移到了身体的下方。后来，由于气候变化，原来半水生的初龙最终移到陆地上生活，并开始用两条后腿行走。而那条长而粗大的尾巴则正好起到平衡身体前部重量的作用。这些古生物学家还进一步提出，初龙中的派克鳄及其亲族们是恐龙的直系祖先。派克鳄体长约60~100厘米，拖着一条长长的尾巴，长着两条比前腿稍微长一些的后腿。追捕猎物或躲避危险的时候，派克鳄便使用两条后腿奔跑，慢慢地便进化成了恐龙。

也有人认为，恐龙的祖先是一种槽齿类的爬行动物，其中的假鳄龙与恐龙的关系最密切。假鳄龙体长约1.5米，样子有点像鳄鱼，也有点像恐龙。不过，赞成这种观点的学者又分为两派：其中一部分人认为，恐龙的祖先就是槽齿类中的假鳄龙，由于它们的家族兴旺，子孙越来越多，所以最终演化成了称霸地球的恐龙；另一部分人则认为，恐龙是由槽齿类中的两种或几种不同的动物演化而来，并不只是假鳄龙。由于它们的外貌各不相同，生活习性也有所差别，所以慢慢演化成了各种各样的恐龙。

▲ 地质年代的划分

虽然目前古生物学家们在恐龙起源的问题上还没有形成统一的意见，但随着古生物化石的不断发现，这些谜团终将被破解。

恐龙是变温动物吗

> 恐龙冬眠吗？
> 作为爬行动物的恐龙，其骨骼中为什么没有生长环？

我们熟知的鳄鱼、蛇等爬行动物都是典型的变温动物。它们的体温可以随着外界温度的变化而变化，以节省体能消耗。大部分变温动物都要进行冬眠，以安全度过寒冷而难熬的冬季。

长期以来，人们一直认为，恐龙也是变温动物。如果是这样的话，恐龙也要冬眠吗？它们会拖着庞大的身躯躲到哪里冬眠呢？如果恐龙不冬眠，那么，作为变温动物，它们该如何度过冬季呢？另外，变温动物在体温过高或过低时，都会缺乏活力。比如，鳄鱼只有在35℃左右才能有活力。它们一般是通过晒太阳的方式使体温逐渐升至35℃左右的。难道恐龙也靠这种方式来使体温达到最佳吗？如果靠晒太阳升温，恐龙必须不断转动庞大的身躯。这对于食

▼ 某些恐龙的身高达数十米。

动物大揭秘 Animal

爬行动物的体温调节

爬行动物通常都是变温动物，必须依靠阳光或地表的温度来保持体温。当它们爬行、游走在冷热不同的环境中时，可以很好地控制自己的体温。

量惊人、需要不断吃食物的恐龙来说，简直就是不可能的。

于是，近些年来一些科学家提出，恐龙是恒温动物。理由是：凡变温动物，能量转换速率低，因此骨骼上的血管密度相对较低，钙磷交换的场所——哈弗斯氏血管也较少。当它们冬眠时，由于生长变得缓慢，就会出现疏密不等的、与树木年轮相似的生长环。而恒温动物则有着丰富的哈弗斯氏血管，而且没有生长环。科学家发现，恐龙的骨骼中有较丰富的哈弗斯氏血管，没有生长环，因此，恐龙应该是恒温动物。

> 恐龙没有生长环。

可是，如果恐龙是恒温动物的话，那些身躯庞大而笨重的恐龙得靠一颗多么硕大的心脏才能维持全身各部位的血液循环啊！而且，有的恐龙身高达数十米，要维持正常生理活动的话，它还必须有非常高的血压，这样，血液才能被迅速供应到头部。

这样看来，恐龙是变温动物还是恒温动物，两种观点似乎都无法自圆其说。我们希望科学家们能尽快破解这一谜团。

> 如果恐龙冬眠的话，这么大的身躯会去哪里冬眠呢？

恐龙**智力**的秘密

> 恐龙的智商高低与什么因素有关?
> 恐龙臀部的神经球真的能起到脑的作用吗?

在我们的脑海中,恐龙一般都是些身躯庞大、行动迟缓的"傻大个"。但是,许多新的发现证明,其实许多恐龙都行动敏捷、精力旺盛,有着较高的智商。

那么,恐龙的智商高低与什么因素有关呢?

有人声称,恐龙的智商高低与其食性有密切关系,食肉的总比食草的智力要稍高一些。为了便于研究,他们运用"脑量商"(简称EQ)来衡量不同恐龙的脑量大小。它就像一把尺子,使科学家们能够按照各类恐龙EQ的平均值的增长来排列、区分主要类群的智商。比如,植食性的雷龙是恐龙中有名的庞然大物,但它们智商较低,EQ值只有0.2~0.35,行动迟缓,灵活性很差。甲龙和剑龙的EQ值稍高些,为0.52~0.56,当

恐爪龙攻击猎物。

雷龙

最不可思议的动物未解之谜

遇到肉食龙的侵犯时，它们会甩动尾巴来进行反抗。而肉食性的恐龙则具有相对较高的智商，如霸王龙的EQ值达到1~2，明显高于植食性恐龙。恐爪龙的EQ值甚至超过了5，这种貌不惊人的小个子在遇到猎物时，会借助后肢掌上恐怖的大利爪迅速进行攻击，动作的准确性极高。

不过，还有人声称他们发现有的恐龙有两个"脑"，因此他们认为恐龙的智商高低与这有关。原来，他们发现马门溪龙的臀部脊椎上有一个叫做神经球的东西。这个神经球比脑大好几倍，它负责指挥马门溪龙的后腿和大尾巴进行活动。同样，他们又发现剑龙的臀部也长着一个比真脑大20倍的神经球，主管腿和尾的活动。剑龙会用甩尾巴的方式反抗敌人的侵犯，主要归功于这个神经球。

在对恐龙智商高低的影响因素的研究上，上述两种观点似乎都各有自己的道理，但事实的真相究竟是怎样的，还要科学家们继续进行研究。

动物大揭秘

恐人学说

有人认为，如果在6500万年前没有发生那场大灾难，恐龙世界中最聪明的伤齿龙就有可能进化成一种外形像人的动物——恐人，成为地球上的主宰。这就是"恐人学说"。

▽ 植食性的恐龙打退肉食性恐龙的进攻。

少年探索·发现系列

众说纷纭的恐龙体色

恐龙的体色是什么样的？
不同恐龙的体色相同吗？

恐龙究竟是什么颜色的呢？由于恐龙早在6500万年前就已经灭绝了，我们不可能再见到真正的恐龙，所以对于这个问题，科学家们只能通过尽可能多的化石资料来推断了。

◎ 我们通常在一些读物中看到的恐龙体色都较为暗淡。

目前，科学家们对于这个问题的观点大致有以下三种：

有的科学家认为恐龙的体色是比较灰暗的，提出了"色彩暗淡论"。他们的理由是，恐龙的身躯庞大而笨重，而当动物的身躯过于臃肿庞大时，为了保护自己，它们的皮肤颜色就会较为暗淡，从而不易被敌害发现。这一点不仅与哺乳动物中的大象非常相似，而且与爬行动物中体形较大、体色单调的鳄鱼也很相似。这种观点具有一定的说服力，被大多数学者所认同。

◎ 不同体色的恐龙

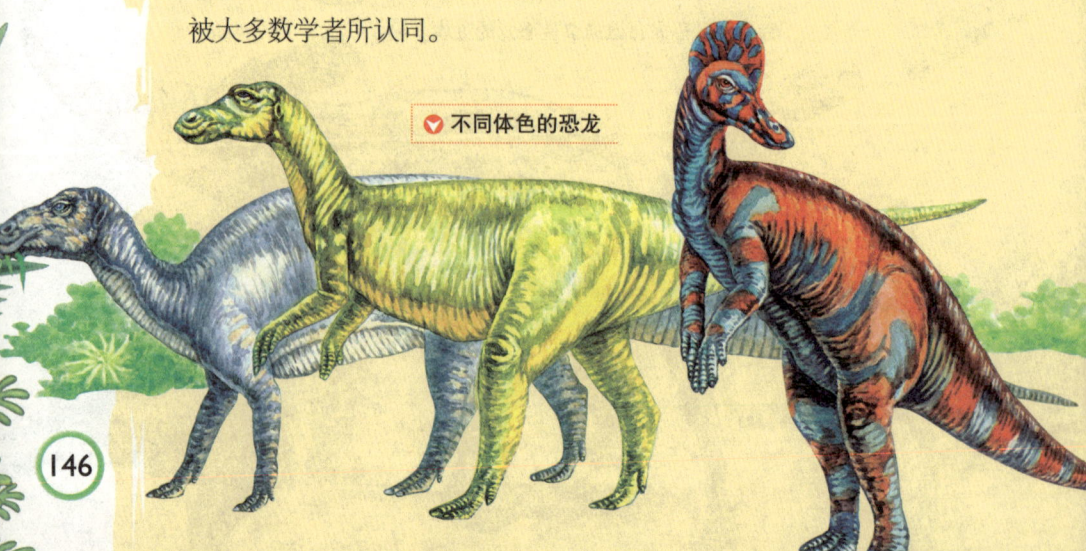

最不可思议的动物未解之谜

也有些科学家反对"色彩暗淡论",提出了"色彩鲜艳论"。他们是从鸟类与恐龙有一定的亲缘关系的角度来分析的。他们认为,虽然恐龙早已灭绝,但我们可以通过色彩斑斓的鸟类世界得出结论,恐龙应该具有鲜艳的体色。而且,鸟类有分辨颜色的能力,那么,与之有亲缘关系的恐龙也应该有这种能力,它们应该会把自己打扮得光彩夺目。况且,恐龙在白垩纪时期曾经称霸地球,它们完全没有必要用一种暗淡的体色来保护自己。

由于"色彩暗淡论"和"色彩鲜艳论"两种观点尖锐对立,又难分对错,所以,有人将这两种意见加以折中,提出了第三种意见:大型恐龙的体色单调暗淡,而中小型恐龙的体色则是鲜艳多彩的;食草恐龙的体色是土黄、草绿色,而食肉恐龙则是色彩斑斓的;在同类恐龙中,雌性恐龙的色彩相对单调,而雄性恐龙则色彩鲜明。

恐龙的体色究竟是什么颜色?"色彩暗淡论""色彩鲜艳论"以及折中的观点究竟哪个更接近事实?目前还没有权威的结论。

动物大揭秘 Animal

恐龙化石的重建和复原

在恐龙化石被运到实验室后,古生物学家要将化石骨骼一块块地拼凑起来,然后再在骨骼上添加筋肉,使之重现恐龙生前的模样。这样,古生物学家就可以进行进一步研究了。

寻访鸟类的祖先

鸟类的祖先究竟是原鸟还是始祖鸟？为什么原鸟更像现代鸟类？

大多数古生物学家相信鸟类是由兽脚类肉食性恐龙进化而成的，尽管已经发现了许多化石，但是有关鸟类的进化过程仍有许多疑问无法解答。

现在，世界上普遍认为鸟类的祖先是始祖鸟。它们出现于约1.5亿年前的侏罗纪晚期，在热带的沙漠岛屿上繁衍生息，地点约在现今德国的西南部地区。其大小如乌鸦，还保留了爬行类的许多特征，如喙部不是像现代鸟类那样的角质喙，而是长满了牙齿；有一条由21节尾椎组成的长尾巴；前肢三块掌骨彼此分离，没有愈合成腕掌骨；指端有爪；骨骼内部还没有气窝。这些特征和小型肉食性恐龙很像。但另一方面，它身上覆盖着羽毛，而且有了初级飞羽、次级飞羽、尾羽以及复羽的分化，这些又是现代鸟类的基本特征。

但是，对于这一公认的观点，仍然有人提出了质疑。他们认为，兽脚类肉食性恐龙属于爬行动物，而由爬行动物进化到鸟类，必定需要经历一个非常漫长的过程。可是，始祖鸟生活在侏罗纪晚期，距今已有

从这块始祖鸟的化石上，我们可以看到羽毛的痕迹。

始祖鸟的骨骼

1.5亿年，那么，由始祖鸟进化到种类众多的现代鸟类，这段时间未免显得有些短。因此，在始祖鸟之前，极有可能存在某种更加原始的鸟。

就在这些学者为找不到比始祖鸟更早的鸟类化石来证明自己的推测的时候，美国一位古生物学家在一块地层中发现了两只古鸟的化石。据考古学家测定，这两只古鸟生活的年代，比始祖鸟生活的年代整整早7500万年。古生物学家们把它们叫作"原鸟"。原鸟体形跟乌鸦差不多，有细长的前肢、龙骨状的胸骨，头骨跟现代鸟类非常相似，颌的背部也没有牙齿。但它的颌的前边还有4颗牙齿，有一条长尾巴和带爪的指，这些都是遗留自爬行类动物的特征。从总体上看，原鸟比始祖鸟更像现在的鸟类。

△ 始祖鸟复原图

于是，又有人质疑，既然原鸟比始祖鸟出现得早，为什么原鸟更像现代鸟呢？一些古生物学家解释说，原鸟可能是现代鸟类的直接祖先，是鸟类进化过程中的正源，而始祖鸟也许只是一条分支。对于这种解释，很多学者不能认同。

鸟类的祖先究竟是原鸟还是始祖鸟？这个问题将继续讨论下去。

动物大揭秘 Animal

孔子鸟

孔子鸟出现的时间比始祖鸟稍晚。它生活在白垩纪早期，其化石主要分布在中国东北地区，包括圣贤孔子鸟和杜氏孔子鸟两种。

翼龙是鸟还是恐龙

翼龙的翅膀有什么特点？
翼龙与蝙蝠有亲缘关系吗？

翼龙与恐龙生活在同一时代，是地球上出现的第一种能够飞行的脊椎动物。由于它们与恐龙差不多同时在地球上绝迹，因此，科学家只能根据已发现的翼龙化石来对其进行研究、分析，但是对于翼龙的归属问题，学术界一直存在着争议。

早期的观点认为翼龙是恐龙的一种，但反对者很快指出，恐龙是一种陆生爬行动物，而翼龙却是在空中飞行，并不是在地上爬行，所以翼龙不是恐龙。

正由于翼龙有翅膀，能飞行，人们又纷纷猜测它们与鸟类、蝙蝠类可能有某种亲缘关系。但是翼龙的翅膀间没有羽毛，而是有一层膜。这层膜和蝙蝠翅膀上的膜也不相同，它只用一个足趾伸展翼膜，翼间还有具有支撑作用的纤维以保持两翼的形状。

▲ 无齿翼龙

近年来，从在中国国内及世界其他地方出土的一些新品种的翼龙化石上，科学家又发现了翼龙两翼表面有羽毛覆盖的证据。虽然被他们找到的还只是一些非常细小、就像头发一样的细丝，但人们相信，随着更进一步的研究，翼龙的更多特征将被揭示出来，翼龙的归属问题以及其他相关谜题肯定会有被破解的一天。

是否存在过哺乳鸟

鸟类和哺乳动物有没有共同的祖先？人类能找到哺乳鸟的化石吗？

▲ 摩根锥齿兽是最原始的哺乳动物的代表。

从传统的动物进化理论来看，哺乳动物可能最早出现在三叠纪末到侏罗纪初，鸟类可能最早出现于侏罗纪中晚期，两者分别是从不同时代的古爬行动物进化而来的。

但在1982年，英国的一位科学家却提出，哺乳动物与鸟类可能有着共同的祖先——哺乳鸟，它兼有鸟类和哺乳动物的特征。

这位英国科学家通过研究发现，哺乳动物与鸟类之间存在着22个显著的共同特征，例如，它们都是恒温动物，其蛋白质氨基酸的排列顺序最为接近。

然而，人们至今都没有发现能够支持哺乳鸟学说的事实证据。

究竟是否存在过哺乳鸟？相关的古化石的发现才是最有力的证据。科学家们将继续进行探索。

▷ 热河兽是一种早期的哺乳动物。

存在过海猿吗

海猿是人类进化过程中的一部分吗？
海猿是一种什么样的动物？

△ 南方古猿的颅骨

达尔文进化论的观点认为，生活在1400万年前至800万年前的古猿是人类的远祖，而生活在420万年前至140万年前的南猿是人类的近祖。然而，在两者之间的近400万年的漫长时间里，人类的祖先又是怎样生活的呢？

1960年，英国著名的人类学家利斯特·哈代教授大胆地提出，在800万年前至450万年前这段时间内，浩瀚的海水曾经入侵了地球上的大片陆地，一些古猿因此而不得不下海谋生，慢慢地，这批古猿就进化成了海猿。海猿在大海中最终完成了两足直立、控制呼吸的进化过程，为以后的直立行走、解放双手、发展语言交流等重大进化步骤创造了条件。哈代教授的论据是，地球上所有灵长类动物的体表都有浓密的毛发，皮下没有脂肪结构，而人类却不但皮肤裸露，而且有着厚厚的皮下脂肪。这一点与灵长类动物差别很大，却与海兽相似。而且，人类胎儿的胎

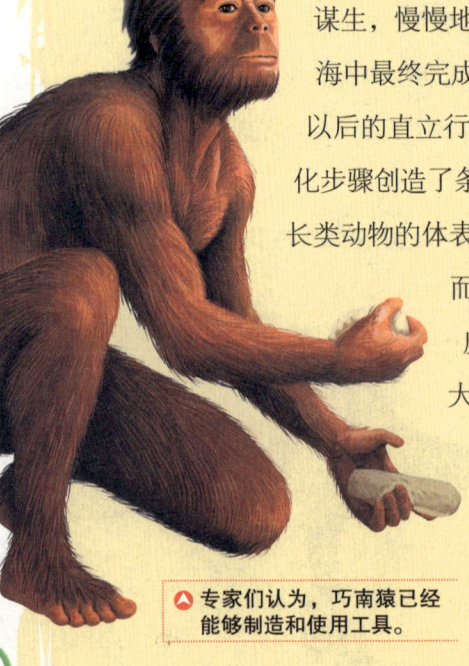

△ 专家们认为，巧南猿已经能够制造和使用工具。

> 人们普遍认为，人类与灵长类动物具有亲缘关系。

毛生长位置也与灵长类动物不同，却与海兽接近。

起初，很多人都认为这是无稽之谈。但进入20世纪80年代，澳大利亚的一位生物学家在研究中发现，陆生哺乳动物，尤其是人类，对自身食盐的需求量有着敏锐的感觉，这与海兽的情况非常相似。另外，1968年，美国迈阿密的水下摄影师穆尼据说在海底看到一个奇怪的动物。它的脸像猴子，脖子比人的脖子长4倍，眼睛像人眼，但比人眼要大得多。遗憾的是，那个奇怪的动物在发现摄影师后，便飞快地用腿部的"推进器"游开了。1974年，人们在非洲的埃塞俄比亚，发现了一具约300万年前的南猿化石。经研究，它具有更加适应水下生活的特征。

以上这些事例似乎都能作为哈代教授观点的佐证，但没有海猿的化石实物，仍然是没有说服力的。迄今为止，人们还没有找到一个哪怕可能是海猿化石的实物。世界上是否存在过海猿这种动物？科学家们将继续进行探索。

< 灵长类动物的体表有浓密的毛发。

动物大揭秘 Animal

南方古猿类群

南方古猿类群是1925年首度被确认的，主要指包含现代人类祖先在内的非洲类人猿类群，现在已知的比较有名的种类有阿法南猿、粗壮型南猿、巧南猿等。

△ 人类皮肤裸露，有厚厚的皮下脂肪，与海兽相似。

图书在版编目（CIP）数据

最不可思议的动物未解之谜／龚勋主编．—汕头：汕头大学出版社，2012.1（2021.6重印）
ISBN 978-7-5658-0507-3

Ⅰ．①最… Ⅱ．①龚… Ⅲ．①动物－少儿读物 Ⅳ．①Q95-49

中国版本图书馆CIP数据核字（2012）第003458号

最不可思议的动物未解之谜
ZUI BUKE SIYI DE DONGWU WEIJIE ZHIMI

总策划 邢 涛	印 刷 唐山楠萍印务有限公司
主 编 龚 勋	开 本 705mm×960mm 1/16
责任编辑 胡开祥	印 张 10
责任技编 黄东生	字 数 150千字
出版发行 汕头大学出版社	版 次 2012年1月第1版
广东省汕头市大学路243号	印 次 2021年6月第6次印刷
汕头大学校园内	定 价 37.00元
邮政编码 515063	书 号 ISBN 978-7-5658-0507-3
电 话 0754-82904613	

● 版权所有，翻版必究 如发现印装质量问题，请与承印厂联系退换